中等职业教育课程改革国家规划新教材配套用书

Tumu Gongcheng Lixue Jichu

土木工程力学基础
学习指导

主编　孔七一　邓　林

人民交通出版社
China Communications Press

内容提要

本书是教育部中等职业教育课程改革国家规划新教材《土木工程力学基础(多学时)》、《土木工程力学基础(少学时)》配套教学辅导用书。本书涵盖了工程力学的能力要求和知识要点,体现了工学结合理念,内容丰富、深入浅出、注重培养学生的职业能力和通用能力。为突出职业教育实践性、应用性要求,本书设计了课程学习引导、趣味力学、内容要点、工程链接、习题解析等内容供教师和学生选用。

本书可作为中等职业学校的建筑工程施工、道路与桥梁工程施工、市政工程施工、水利水电工程施工、铁道工程施工与养护专业力学教学辅导用书,也可作为土木工程行业从业人员的学习参考书。

使用说明:人民交通出版社出版的中等职业教育课程改革国家规划新教材《土木工程力学基础(多学时)》、《土木工程力学基础(少学时)》习题答案分别见附录6、附录7。

图书在版编目(CIP)数据

土木工程力学基础学习指导/孔七一,邓林主编.
—北京:人民交通出版社,2010.8
ISBN 978-7-114-08515-4

Ⅰ.①土… Ⅱ.①孔… ②邓… Ⅲ.①土木工程-工程力学-专业学校-教学参考资料 Ⅳ.①TU311

中国版本图书馆CIP数据核字(2010)第153419号

书　　名:土木工程力学基础学习指导
著 作 者:孔七一　邓　林
责任编辑:袁　方　张一梅
出版发行:人民交通出版社
地　　址:(100011) 北京市朝阳区安定门外外馆斜街3号
网　　址:http://www.ccpress.com.cn
销售电话:(010) 59757969,59757973
总 经 销:人民交通出版社发行部
经　　销:各地新华书店
印　　刷:北京鑫正大印刷有限公司
开　　本:787×1092　1/16
印　　张:5
字　　数:76千
版　　次:2010年8月　第1版
印　　次:2010年8月　第1次印刷
书　　号:ISBN 978-7-114-08515-4
印　　数:0001-3000册
定　　价:10.00元

前　　言

本书是中等职业教育课程改革国家规划新教材《土木工程力学基础(多学时)》、《土木工程力学基础(少学时)》配套教学辅导用书,按照教育部中等职业教育课程改革国家规划新教材编写的指导思想和有关原则进行编写。内容涵盖了土木工程所需力学基础的能力要求和知识要点。为突出职业教育实践性、应用性要求,体现工学结合的教育理念。本书设计了课程学习引导、趣味力学阅读、工程项目链接、习题解析等内容供教师和学生选用,注重培养学生的职业能力和通用能力。

全书包括6个单元和8个附录。每单元主要包括了以下四项内容:

(1)学习引导。主要提出了本单元的能力、知识、素质方面的学习目标,明确学习流程和具体任务。

(2)趣味力学。以力学知识、力学原理在生活中的应用分析,引导学生对力学知识的理解与应用,体现对能力和素质的培养。

(3)内容要点。针对知识应用的重点和难点,以真实工程结构或构件进行分析和解答,对学生的学习起到开阔视野、关注知识在本专业应用的目的。

(4)习题解析。以力学知识应用为主线,通过各种典型习题的解答,帮助学生对基本概念、基本原理和基本方法的理解和应用。

本书由孔七一教授、邓林工程师担任主编并负责统稿工作。参加本书编写的有湖南交通职业技术学院孔七一(编写绪论、单元3、附录部分)、吴俊(编写单元6)、邓林(编写单元4、5)、肖珏(编写单元1、2)。

由于编者水平有限,难免出现错误和不妥之处,恳请读者批评指正。

编者

2010年7月

目　　录

绪　论

一 学习引导

1 学习目标

(1)能叙述土木工程力学的研究任务和研究对象;

(2)能解释结构、构件、刚体、变性固体、平衡、强度、刚度、稳定性等概念;

(3)会阐述静力学公理;

(4)能描述一起因强度不足而破坏的生活实例或工程事故;

(5)列举自己准备采用的学习方法;

(6)知道获取与专业相关信息的途径和方法。

2 学习步骤

认识土木工程力学

- 通过阅读教材,清楚力学的作用;
- 弄清土木工程力学的研究任务和研究对象。

清楚力学基本概念

- 阅读教材的相关概念;
- 通过本单元典型例题分析,理解强度、刚度、稳定性等概念。

二 趣味力学

自行车所应用的力学知识

1 运动和力的应用

(1)增大和减小摩擦

自行车的外胎、车把手塑料套、踏板套、闸把套等处均有凹凸不平的花纹以增大摩擦。刹车时,手用力握紧车闸把,增大刹车皮对车轮钢圈的压力,以达到制止车轮滚动的目的。刹车时,车轮不再滚动,而在地面上滑动,变滚动为滑动后,摩擦力增大,所以车能够迅速制动。

车的前轴、中轴及后轴均采用滚动轴承以减小摩擦,在这些部件上,人们常常加润滑油进一步减小摩擦。

(2)弹簧的减振作用

车的坐垫下装有粗的螺旋状弹簧,利用它的缓冲作用可以减小振动。

2 压强知识的应用

(1)自行车负重

自行车的车胎上刻有载重量,明确告诉人们:自行车不能超载,如车载过量,因车胎受力面积不变,则车胎受到压强过大,使其被压破。

(2)车座的形状与压强的关系

坐垫呈马鞍形,它能够增大坐垫与人体的接触面积以减小臀部所受压强,使人骑车时感到比较舒适。

3 简单机械知识的应用

自行车制动系统中的车闸把与连杆是一个省力杠杆,可增大刹车皮的拉力。另外,链轮牙盘与脚蹬,后轮与飞轮,车龙头与转轴等都是轮轴,利用它们可以省力。

4 功和能的知识运用

(1)人们在骑自行车上较陡的坡时,往往走S形路线,这是根据功的原理。如图0-1,坡长相当于斜面长L,坡高相当于斜面高h,根据功的原理:$W_1 = W_2$,即

$FL = Gh$，亦可写作：$L = \frac{G}{F}h$，可看出，斜面长 L 是斜面高 h 的几倍，所用的力 F 就是重力 G 的几分之一，所以，在高度 h 不变的情况下，斜面越长越省力，走 S 形路线是为了增大斜面长，从而能顺利上坡。

图 0-1　人骑自行车

（2）动能和势能的相互转化。骑自行车上坡前，人们往往要加紧蹬几下，使车的速度（动能）增大——“动能冲坡”，以较大的动能转化为较大势能，能够较容易到达坡顶。而骑车下坡时，不用脚蹬，车速也越来越快，这时势能转化为动能，动能不断增大，所以车速也不断增大。

5 刹车和惯性

自行车高速行驶特别是下坡时，不能只用前闸刹车，否则会出现翻车事故，其原因是：前闸刹车，前轮被迫静止，而作为驱动轮的后轮车架和骑车人由于惯性还要保持原有的高速运动的趋势，这时就会以前轮与地面接触处为支点，向前翻转，造成翻车事故。

6 测量中的应用

在测量道路的长度时，可运用自行车。如 24 型车轮直径为 0.62m，26 型车轮直径为 0.66m，车轮转过一圈长度为直径乘以圆周率 π，得 1.95m 或 2.07m，然后，让车沿跑道滚动，记下滚过的圈数 n，则跑道长为 $n\times1.95$m 或 $n\times2.07$m。

7 热膨胀知识的运用

在炎热的夏天，车胎内的气不能充得太足，更不能放在烈日下曝晒，因为车胎内的空气受热急剧膨胀，压强猛增会将车胎胀破。

8 机械能与内能的转化

用打气筒给车胎打气，过一会儿，筒壁会热起来，这是因为压缩筒内气体和克服活塞与筒壁的摩擦做功，使筒壁内能增加，温度升高，所以筒壁会发热。

摘自《第二届中国运动生物力学学术会议论文汇编(2)》，1981 年

三 内容要点

重难点解析——强度和刚度的区别。

强度是指某种材料抵抗破坏的能力，即材料破坏时所需要的应力。一般只是针对材料而言的。它的大小与材料本身的性质及受力形式有关。如某种材料的抗拉强度、抗剪强度是指这种材料在单位面积上能承受的最大拉力、剪力，与材料的形状无关。

刚度指某种构件或结构抵抗变形的能力，即引起单位变形时所需要的应力。一般是针对构件或结构而言的。它的大小不仅与材料本身的性质有关，而且与构件或结构的截面和形状有关。

强度是抵抗塑性变形的能力，刚度是表示材料发生弹性变形的难易程度，通俗的讲：刚度是指物体弯不弯，物体并不断裂；强度是指物体断不断。

四 习题解析

【例】 试分析下列失效现象，是因为不能满足强度、刚度、稳定性中的哪个要求而引起的？

(1)车削较长的轴类零件时，未装上尾架，使加工精度差。

(2)水塔的水箱由承压的 4 根管柱支撑，忽然间管柱弯曲、水箱轰然坠地。

(3)起重机吊重物时钢索被拉断。

(4)吊车梁上的小车在梁上行走困难,总是在爬坡。

(5)积雪压断电线。

解析:

(1)属于刚度不满足要求。

(2)属于稳定性不满足要求。

(3)属于强度不满足要求。

(4)属于刚度不满足要求。

(5)属于强度不满足要求。

单元 1

力和受力图

一 学习引导

1 学习目标

(1)能解释力、力的两种效应等概念。

(2)能叙述静力学的基本公理。

(3)会根据约束的类型确定约束反力。

(4)能画出单个物体的受力图。

(5)能完成小组学习项目中的 1 个任务。

2 学习步骤

认识力

- 阅读教材中力的基本知识；
- 总结力的三要素及力的作用效应。

理解静力学的基本公理

- 阅读教材中静力学的基本公理；
- 以生活实例说明静力学的基本公理。

绘制物体的受力图

- 认识各种支座类型；
- 运用静力学基本公理正确绘制物体的受力图。

二 工程链接

支座的简化

图 1-1 所示支座其力学模型为固定铰支座，用此支座固定，杆件还可以自由转动。

图 1-2 所示支座其力学模型为固定端支座，此支座限制了杆件所有方向的运动。

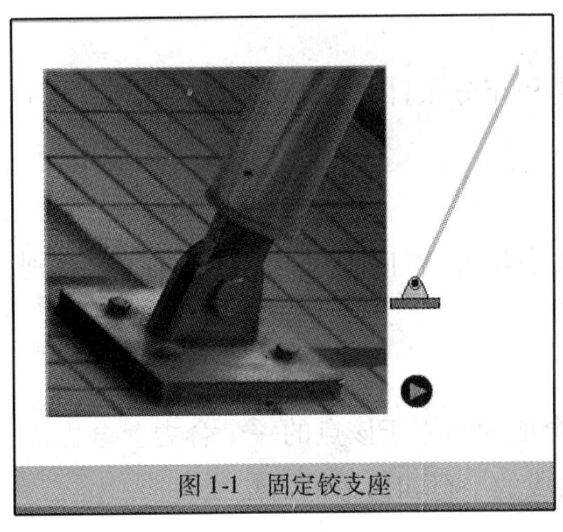

图 1-1　固定铰支座

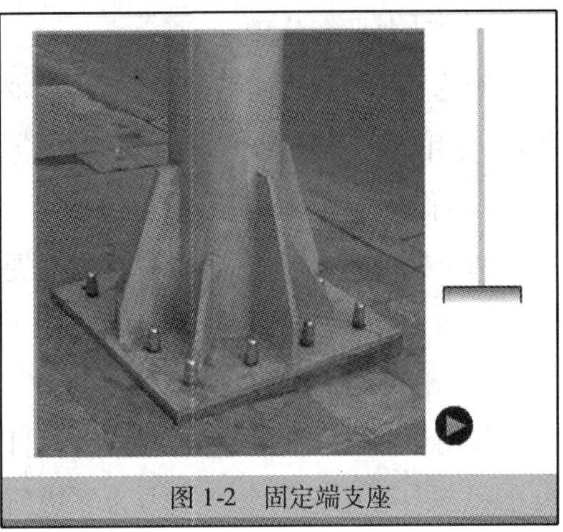

图 1-2　固定端支座

三 内容要点

1 重难点解析

(1)二力杆的概念

只受两个力作用而处于平衡的刚体称为二力杆。二力杆是一种不受弯杆件，杆的两端是铰接的，不传递弯矩，杆中不受力，杆只受来自杆两端的拉力或压力。

(2)约束反力的概念

约束作用于被约束物体上的限制其运动的力，称为约束力，简称反力。约束反力是被动力，大小取决于作用于物体的主动力。作用位置在约束与被约束物体的接触面上。方向与约束所能限制的物体运动方向相反。

(3)绘制受力图的步骤

绘制受力图的步骤如下：

①明确研究对象。

②弄清研究对象受到哪些约束反力作用，然后解除研究对象上的全部约束，而单独画出该研究对象的简图。

③在简图上画上已知的主动力及根据约束类型在解除约束处画上相应的约束反力。

注：绘制内力图时只画外力，不画内力。

2 主要公式公理

(1)二力平衡公理

刚体在两个力作用下保持平衡的必要和充分条件是：此两力大小相等，方向相反，作用在一条直线上。

(2)作用与反作用公理

两个物体间相互作用的一对力总是大小相等，方向相反，沿同一直线且分别作用在两个相互作用的物体上。

(3)平行四边形公理

作用于物体上同一点的两个力，可以合成为作用于该点的一个合力。合力的大小和方向可用这两个已知力为邻边所构成的平行四边形的对角线表示。

(4)加减平衡公理

在作用于刚体的力系中，加上或去掉任何一个平衡力系，并不会改变原力系对刚体的作用效应。

四 习题解析

【例1-1】 绘制图1-3所示中AB、AC杆件的受力图。

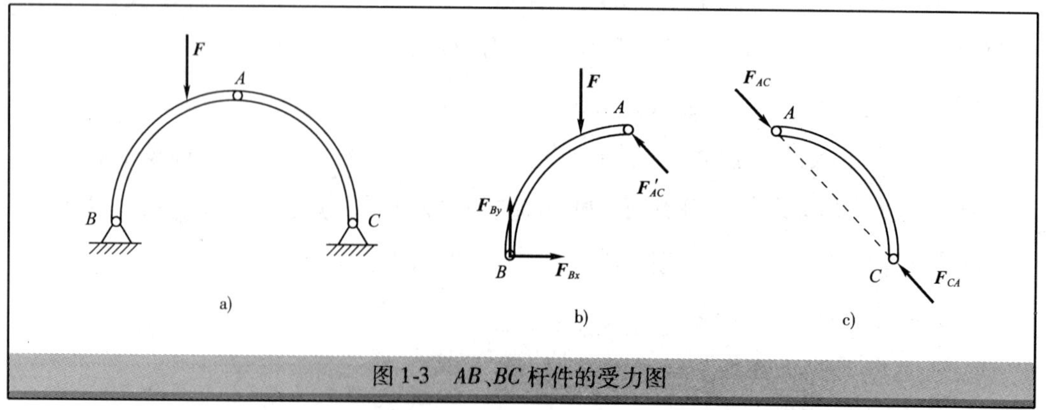

图1-3　AB、BC杆件的受力图

【例1-2】 如图1-4a)所示,不计自重的梯子放在光滑水平地面上,画出绳子DE整个系统的受力图。

解析:绳子DE受力图如图1-4b)所示。

整体受力图如图1-4c)所示。

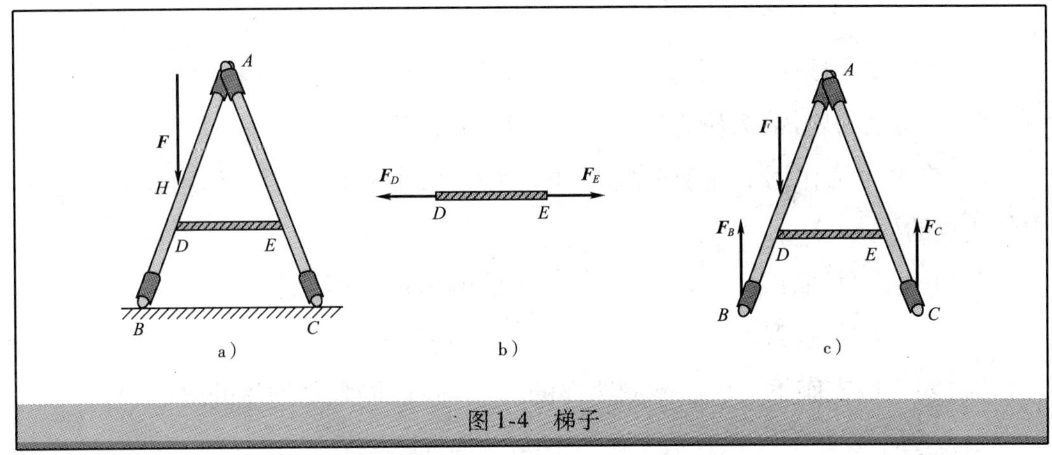

图1-4　梯子

思考:绳子对左右两部分梯子均有力作用,为什么在整体受力图中没有画出?

如果要绘制梯子的左右部分的受力图,A处所受力的方向能否确定?如何画?

五 模拟试题

1. 填空题

(1)强度是指构件抵抗______的能力。刚度是指构件抵抗________的能力。

(2)力的外效应是指力使物体的____________发生变化的效应;力的内效应是指力使物体产生________的效应。

(3)作用在同一物体上的一组力称为______;使物体保持平衡的力系,称为________。

(4)当物体所受的力,是沿着某条线连续分布且相互平行的力系,称为____________。

(5)对于只受两个力作用而处于平衡的刚体,称为__________。

2. 选择题

(1)由绳索、链条、胶带等柔体构成的约束称为(　　)约束。

A. 光滑面约束　B. 柔索约束　C. 链杆约束　D. 固定端约束

(2)光滑面对物体的约束反力,作用在接触点处,其方向沿接触面的公法线(　　)。

A. 指向受力物体,为压力　B. 指向受力物体,为拉力

C. 背离受力物体,为拉力　D. 背离受力物体,为压力

(3)在两个力作用下处于平衡的构件称为(　　),此两力的作用线必过这两力作用点的(　　)。

A. 平衡杆件;直线　B. 刚体;中点

C. 二力构件;连线　D. 直杆;连线

(4)固定端支座不仅可以限制物体的(　　),还能限制物体的(　　)。

A. 运动;移动　B. 移动;活动

C. 转动;活动　D. 移动;转动

3. 作图题

画出图1-5中各杆件的受力图。

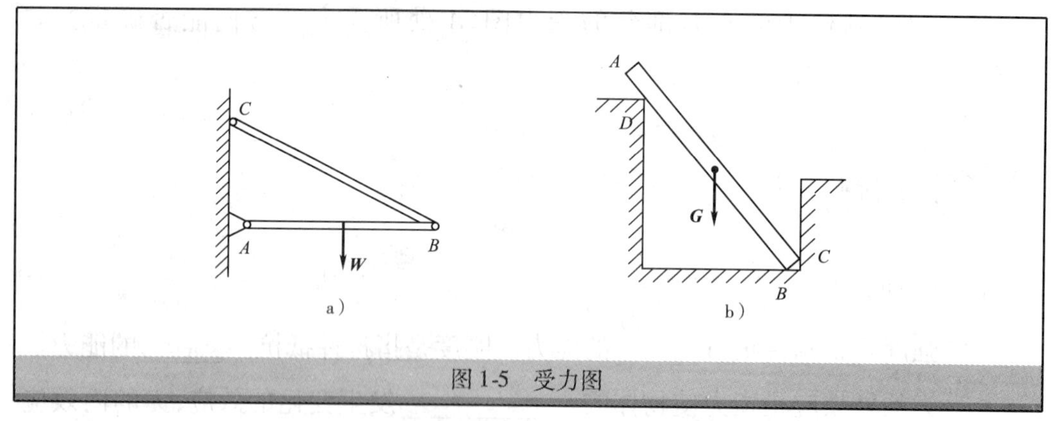

图1-5　受力图

单元 2

平面力系的平衡

一 学习引导

1 学习目标

(1)会用平行四边形法则将力进行分解,并计算力的投影;
(2)能解释力矩、力偶的概念及性质;
(3)会计算集中力与线分布荷载对某点的力矩;
(4)能叙述平面一般力系的平衡条件;
(5)能用平衡方程分析简单的平衡问题;
(6)能够计算单跨梁的支座反力。

2 学习步骤

绘制力学简图
- 观察日常生活中各种结构构件;
- 认真阅读教材中关于结构构件的分类以及受力特点。

绘制受力图
- 仔细阅读教材中关于力的各种定理;
- 熟悉平面力系的合成与分解方法。

分析结构平衡问题
- 思考日常生活中各种结构构件的平衡问题;
- 熟悉平衡条件。

计算支座反力
- 运用平衡方程分析简单的平衡问题;
- 计算单跨梁的支座反力。

二 趣味力学

跷跷板中的趣味力学知识

儿童游乐场中的跷跷板如图 2-1 所示。两个儿童分别坐在两端,手扶把柄,顺次用脚踏地后,则跷跷板就会一上一下地运动。

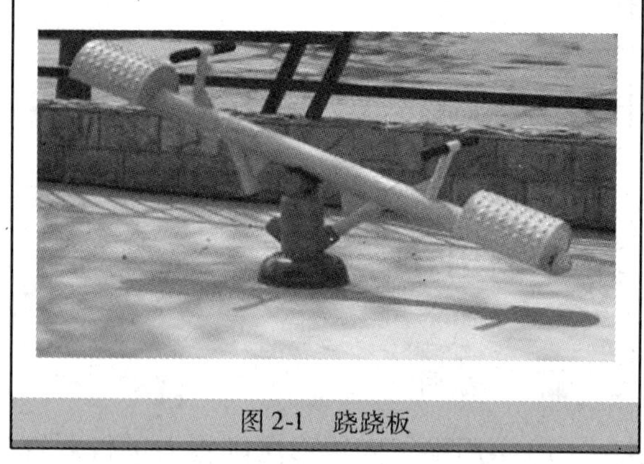

图 2-1　跷跷板

这里蕴涵着有趣的力学问题——力的“平衡问题”。试想跷跷板的两端坐的孩子体重相等,他们对跷跷板的端部有相同的向下作用力,力学称之为“重力”。由于跷跷板的两端距离跷跷板的中间转轴的距离相等,那么,由两个孩子体重产生的对转轴的作用力矩是相等的。

如果无其他外力作用,譬如他们都静静地坐在上边,不用脚踏地,跷跷板将处于静平衡状态,不会产生上下运动。

如果其中一个孩子体重要大一些,那么想要跷跷板悬在空中处于平衡状态,则需要体重大的孩子坐得靠中心转轴近一些,这样的目的是为了使得两个孩子的重力对转轴产生的力矩相等。

而当一个孩子用脚蹬地,脚蹬地的力使跷跷板两边对中轴的力矩失去平衡,跷跷板将产生绕中轴的转动。

本单元中我们学到“平面力系平衡的必要条件是力系的主矢 F_R 和主矩 M_O 等于零”。主矢 F_R 等于两个孩子的体重与跷跷板底座的支座反力的矢量和,因为大小相等方向相反,所以 $F_R=0$。所有作用在跷跷板上的力对跷跷板中轴的力矩是平衡的,即大小相等方向相反,所以,$M_O=0$。

三 工程链接

工程中常见的平衡问题如图 2-2 所示。

a）公路施工中，压路机碾子越过障碍物

b）隧道施工中，起吊物体时塔吊的平衡问题

c）挡土墙的抗倾覆问题

d）阳台挑梁的平衡问题

图 2-2　工程中常见的平衡问题

四 内容要点

1 重难点解析

(1)理解力的投影

自力矢量的始端和末端分别向某一确定轴上作垂线,得到两个交点(垂足)。两垂足之间的距离称为力在该轴上的投影。力的投影是代数量。

合力投影定理:平面力系中各力在某一坐标轴上投影的代数和,等于力系的合力在该坐标轴上的投影。

(2)会计算力矩

力对点之矩是度量力使物体绕该点转动效应的物理量。它的数学表达式为:

$$m_O(F) = \pm Fd$$

式中:O——矩心,即转动中心;

d——力臂，即力作用线到矩心的垂直距离。

按国际单位制，力矩的单位是牛顿·米(N·m)或千牛·米(kN·m)。

力矩为零有两种情形：一是，力等于零；二是，力的作用线通过矩心。

一般同一个力对不同点之矩是不同的，因此不指明矩心来计算力矩是没有意义的。所以在计算力矩时一定要明确是对哪一点之矩。

合力矩定理：合力之矩等于各分力对同一点之矩的代数和。

(3)力偶的性质

力偶：由大小相等、方向相反、作用线平行但不重合的两个力组成的力系称为力偶。力偶是一种特殊力系。

力偶矩：是一个代数量，其绝对值等于力的大小与力偶臂的乘积，正负号表示力偶的转向。通常规定力偶逆时针旋转时，力偶矩为正；反之为负。

力偶系：由一对大小相等、方向相反、作用线互相平行的力组成的特殊力系。力偶的三要素为：力偶矩的大小，力偶的转向，力偶的作用面。

(4)平面力系的合成与分解

平面力系的平衡条件是：力系中所有各力在两个坐标轴上投影的代数和分别等于零，这些力对力系所在平面内任一点力矩的代数和也等于零。

(5)求解单跨梁的支座反力

求解单跨梁支座反力的步骤如下：

①选取研究对象。根据已知量和待求量，选择适当的研究对象。

②画研究对象的受力图。将作用于研究对象上所有的力画出来。

③列平衡方程。注意选择适当的投影轴和矩心列平衡方程。

④解方程，求解未知力。

在列平衡方程时，为使计算简单，选取坐标系时应尽可能使力系中多数未知力的作用线平行或垂直投影轴，矩心选在两个(或两个以上)未知力的交点上；尽可能先列力矩方程，并使一个方程中只包含一个未知数。注意，对于同一个平面力系来说，最多只能列出三个平衡方程，只能解三个未知量。

2 主要公式公理

(1)平面一般力系的平衡方程

①基本形式：

$$\left.\begin{aligned}\Sigma F_x &= 0\\ \Sigma F_y &= 0\\ \Sigma m_O(\boldsymbol{F}_n) &= 0\end{aligned}\right\}$$

②二矩式：

$$\left.\begin{aligned}\Sigma F_x &= 0\\ \Sigma m_A &= 0\\ \Sigma m_B &= 0\end{aligned}\right\}$$

其中，y 轴不能垂直于 A、B 两点的连线。

③三矩式：

$$\left.\begin{aligned}\Sigma m_A &= 0\\ \Sigma m_B &= 0\\ \Sigma m_C &= 0\end{aligned}\right\}$$

其中，A、B、C 三点不能在同一条直线上。

(2)平面平行力系的平衡方程

基本形式：

$$\left.\begin{aligned}\Sigma F_y &= 0\\ \Sigma m_O &= 0\end{aligned}\right\}$$

或为二力矩式：

$$\left.\begin{aligned}\Sigma M_A &= 0\\ \Sigma M_B &= 0\end{aligned}\right\}$$

其中，A、B 两点的连线不能与各力平行。

(3)平面汇交力系的平衡方程

$$\left.\begin{aligned}\Sigma F_x &= 0\\ \Sigma F_y &= 0\end{aligned}\right\}$$

五 习题解析

【例 2-1】 已知 $F_{P1}=50\mathrm{N}$，$F_{P2}=60\mathrm{N}$，$F_{P3}=90\mathrm{N}$，$F_{P4}=80\mathrm{N}$，各力方向如图 2-3 所示，试分别求各力在 x 轴和 y 轴上的投影。

解析：

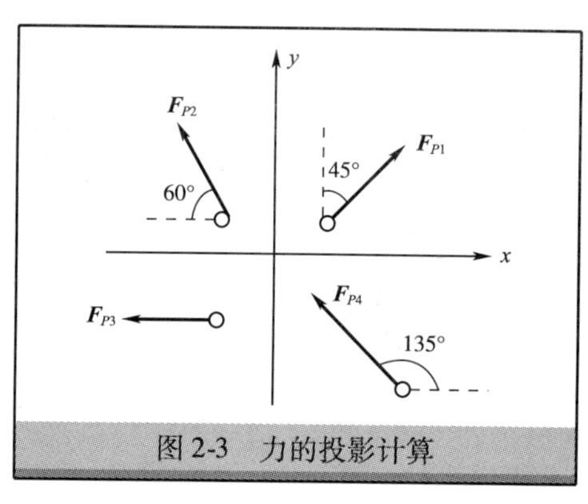

图 2-3　力的投影计算

$$F_{P1x} = F_{P1} \times \cos 45° = 50 \times \frac{\sqrt{2}}{2} \approx 35.36\text{N}$$

$$F_{P1y} = F_{P1} \times \sin 45° = 50 \times \frac{\sqrt{2}}{2} \approx 35.36\text{N}$$

$$F_{P2x} = -F_{P2} \times \cos 60°$$

$$= -60 \times \frac{1}{2} = -30\text{N}$$

$$F_{P2y} = F_{P2} \times \sin 60° = 60 \times \frac{\sqrt{3}}{2} \approx 51.96\text{N}$$

$$F_{P3x} = -F_{P3} = -90\text{N}$$

$$F_{P3y} = 0\text{N}$$

$$F_{P4x} = -F_{P4} \times \cos 45° = -80 \times \frac{\sqrt{2}}{2} \approx -56.57\text{N}$$

$$F_{P4y} = F_{P4} \times \sin 45° = 80 \times \frac{\sqrt{2}}{2} \approx 56.57\text{N}$$

【例 2-2】　已知 $F_{P1} = 10\text{kN}$，$F_{P2} = 20\text{kN}$，求图 2-4 所示刚架 A、B 的支座反力。

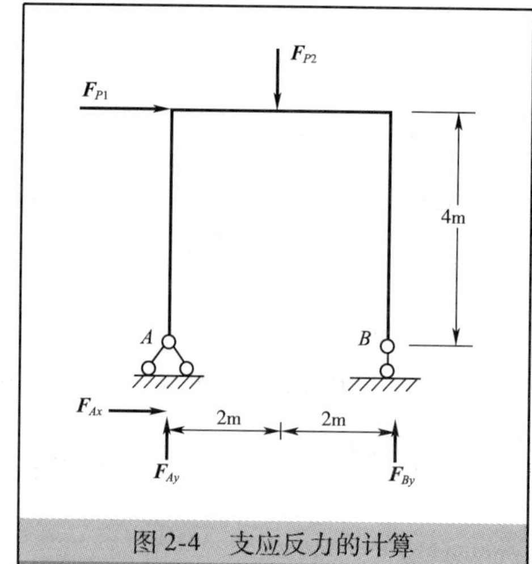

图 2-4　支应反力的计算

解析：

$\Sigma m_A = 0$，$F_{By} \times 4 - F_{P2} \times 2 - F_{P1} \times 4 = 0$

$\Sigma F_y = 0$，$F_{Ay} + F_{By} - F_{P2} = 0$

$\Sigma F_x = 0$，$F_{Ax} + F_{P1} = 0$

代入已知数得：

$F_{Ay} = 0$

$F_{Ax} = -10\text{kN}$

$F_{By} = 20\text{kN}$

六 模拟试题

1. 判断题

（1）若两个力在同一轴上的投影相等，则这两个力的大小必定相等。（　　）

(2)只要两个力大小相等、方向相反,该两力就组成一力偶。　　(　　)

(3)力偶对一点的矩与矩心无关。　　(　　)

(4)力的作用线通过矩心时,力对点的矩为零。　　(　　)

(5)一个平面一般力系只能列出一组三个独立的平衡方程,解出三个未知数。　　(　　)

2. 填空题

(1)力的作用线垂直于投影轴时,该力在轴上的投影值为__________。

(2)力对点的矩的正负号的一般规定是这样的:力使物体绕矩心______方向转动时力矩取正号,反之取负号。

(3)力的作用线通过________时,力对点的矩为零。

(4)力偶对平面内任一点的矩恒等于____________与矩心位置________。

(5)建立平面一般力系的平衡方程时,为方便解题,通常把坐标轴选在与___________的方向上;把矩心选在____________的作用点上。

3. 选择题

(1)力偶对物体的作用效应,决定于(　　　)。

A. 力偶矩的大小

B. 力偶的转向

C. 力偶的作用平面

D. 力偶矩的大小、力偶的转向和力偶的作用平面

(2)应用平面汇交力系的平衡条件,最多能求解(　　)未知量。

A. 1 个　　B. 2 个　　C. 3 个　　D. 4 个

(3)图 2-5 中力 $\boldsymbol{F}_P$ 在 x、y 轴上的投影分别为(　　)。

A. $-\frac{1}{2}F_P, -\frac{\sqrt{3}}{2}F_P$

B. $\frac{1}{2}F_P, \frac{\sqrt{3}}{2}F_P$

C. $-\frac{\sqrt{3}}{2}F_P, -\frac{1}{2}F_P$

D. $\frac{1}{2}F_P, -\frac{\sqrt{3}}{2}F_P$

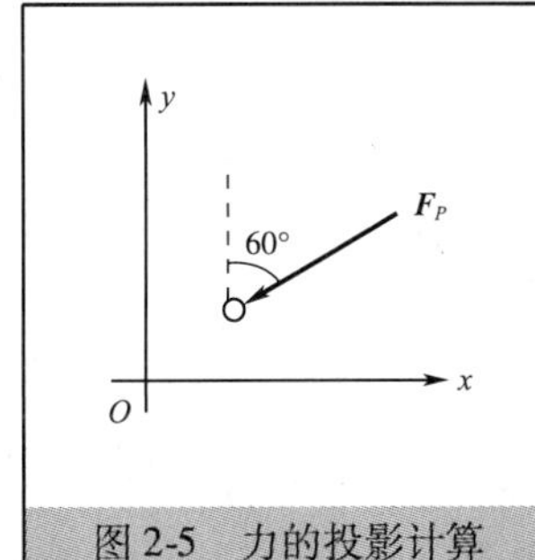

图 2-5　力的投影计算

4. 计算题

试求图 2-6 中各梁的支座反力。

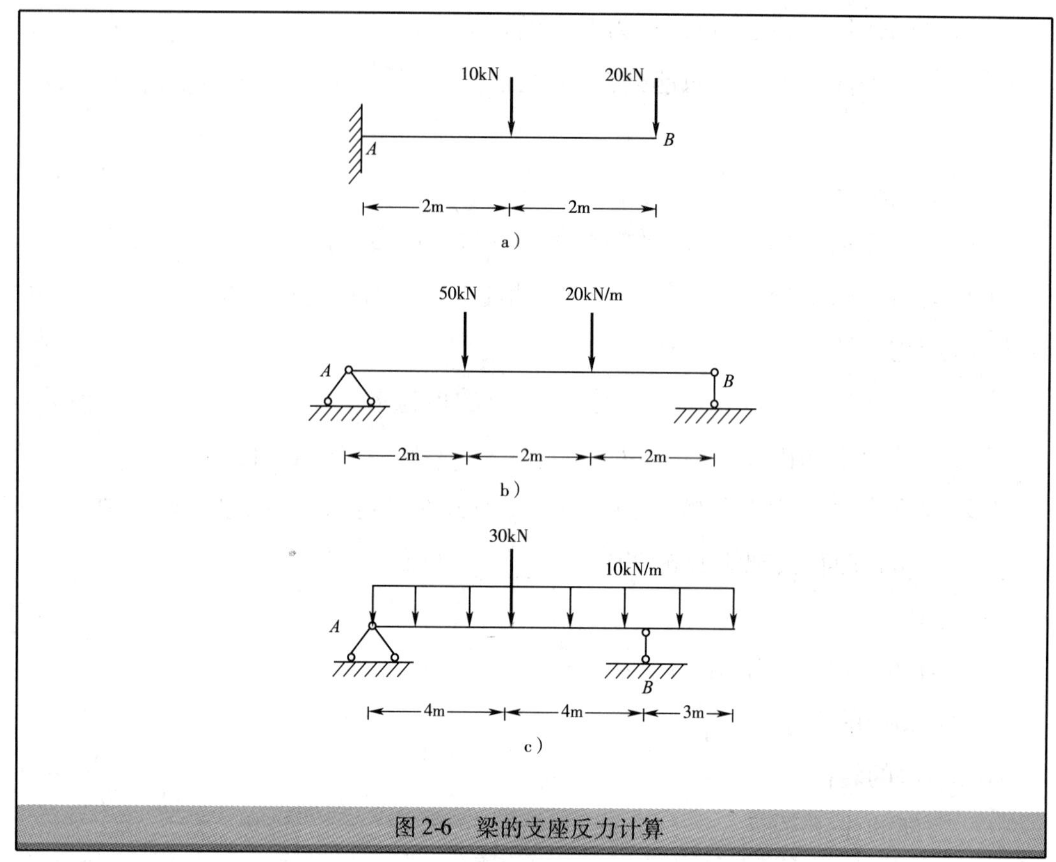

图 2-6　梁的支座反力计算

单元 3

直杆轴向拉伸和压缩

一 学习引导

1 学习目标

(1)能够判别杆件的四种基本变形和组合变形；

(2)会应用截面法求指定截面的轴力；

(3)能绘制和识读直杆的轴力图；

(4)能列举一个实物来解释强度的概念；

(5)能够对轴向拉(压)杆件的强度进行简单分析；

(6)能够对工程中的拉(压)构件进行定性分析；

(7)知道建筑施工中脚手架的安全防护措施；

(8)掌握 1 ~2 种获取专业信息的方法。

2 学习步骤

- 仔细阅读教材中有关杆件的定义；
- 观察日常生活中的杆件；
- 思考杆件的受力和变形。

计算直杆的内力

- 熟悉截面法求直杆内力的步骤；
- 绘制直杆轴力图。

直杆的正应力强度计算

- 分析思考直杆的破坏形式；
- 运用正应力计算公式进行强度校核。

直杆的变形分析

- 清楚直杆的变形；
- 计算直杆的变形量大小。

二 趣味力学

1 鸟巢(见图3-1)

图3-1　鸟巢

国家体育场建筑顶面呈鞍形，长轴为332.3m，短轴为296.4m，最高点高度为68.5m，最低点高度为42.8m。在保持“鸟巢”建筑风格不变的前提下，新设计方案对结构布局、构件截面形式、材料利用率等问题进行了较大幅度的调整与优化。原设计方案中的可开启屋顶被取消，屋顶开口扩大，并通过钢结构的优化大大减少了用钢量。大跨度屋盖支撑在24根桁架柱之上，柱距为37.96m。主桁架围绕屋盖中间的开口放射形布置，有22榀主桁架直通或接近直通。为了避免出现过于复杂的节点，少量主桁架在内环附近截断。钢结构大量采用由钢板焊接而成的箱形构件,交叉布置的主桁架与屋面及立面的次结构一起形成了“鸟巢”的特殊建筑造型。主看台部分采用钢筋混凝土框架—剪力墙结构体系,与大跨度钢结构完全脱开。

“鸟巢”是2008年北京奥运会主体育。由2001年普利茨克奖获得者赫尔佐格、德梅隆与中国建筑师合作完成的巨型体育场设计,形态如同孕育生命的“巢”,它更像一个摇篮,寄托着人类对未来的希望。设计者们对这个国家体育场没有做任何多余的处理,只是坦率地把结构暴露在外,因而自然形成了建筑的外观。

“鸟巢”以巨大的钢网围合、覆盖着9.1万人的体育场;观光楼自然地成为结构的延伸;立柱消失了,均匀受力的网如树枝般没有明确的指向,让人感到每一个座位都是平等的,置身其中如同回到森林;把阳光滤成漫射状的充气膜,使体育场告别了日照阴影;整个地形隆起4m,内部作附属设施,避免了下挖土方所耗的巨大投资。

鸟巢是一个大跨度的曲线结构,有大量的曲线箱形结构,设计和安装均有很大挑战性,在施工过程中处处离不开科技支持。“鸟巢”采用了当今先进的建筑科技,全部工程共有二三十项技术难题,其中,钢结构是世界上独一无二的。“鸟巢”钢结构总重4.2万吨,最大跨度343m,而且结构相当复杂,其三维扭曲像麻花一样的加工,在建造后的沉降、变形、吊装等问题已逐步解决,相关施工技术难题还被列为科技部重点攻关项目。

说起q460钢材,大多数人可能都不了解。“鸟巢”结构设计奇特新颖,而这次搭建它的钢结构的q460也有很多独到之处:q460是一种低合金高强度钢,它在受力强度达到460MPa时才会发生塑性变形,这个强度要比一般钢材大,因此生产难度很大。这是国内在建筑结构上首次使用q460规格的钢材;而这次使用的钢板厚度达到110mm,是以前绝无仅有的,在国家标准中,q460的最大厚度也只是100mm。以前这种钢一般从卢森堡、韩国、日本进口。为了给“鸟巢”提供“合身”的q460,从2004年9月开始,河南舞阳特种钢厂的科研人员开始了长达半年多的科技攻关,前后3次试制终于获得成功。如今,为“鸟巢”准备的q460钢材已经开始批量生产。2008年,400吨自主创新、具有知识产权的国产q460钢材,将撑起“鸟巢”的铁骨钢筋。

2 小鸟筑巢(见图 3-2)

图 3-2　小鸟筑巢

从东刚果至南非洲热带稀树干草原,常常可以见到有一种叫苍头燕雀的织布鸟。它们用草和许多不同柔韧度的纤维织成的巢,像一粒粒奇异的果实一样悬挂在树枝上。织布鸟选择结实的动物毛发——最常见的是斑马或羚羊身上的毛,将巢牢牢地系在树枝上,还用嘴将毛发缠成总是一个式样的结子作为记号。这样的鸟巢能承受在里面栖身的一对成年雀鸟和几只幼鸟的全部重量,任凭风吹雨打也不会脱落下来。

本世纪初,自然科学爱好者矣热恩·玛雷发现年轻的雀鸟在筑巢时并未仿效它们的年长伙伴。为了排除年轻雀鸟受训的可能,矣热恩从织布鸟巢取走几粒卵,把它们偷偷地放到他家哺养的金丝雀的巢里去孵化。当雏鸟破壳而出逐渐长大后,又把它们转移到另一个特定的地方,让它们在那里结成"伴侣",生儿育女,同时不让它们获得可供筑巢的任何合适材料,而是让它们直接把卵产在笼底。产下的卵又取走,再让金丝雀孵化……就这样反复试验,使得第四代的织布鸟不仅断绝了与前辈和自然界的联系,而且完全被人工所驯化。

现在,他在鸟笼里放进一小撮草,一些纤细树枝和纤维物。织布鸟就在笼里利用这些材料开始工作。很快,鸟儿就编好了悬挂在笼子里的巢,而且其式样与它们自由自在的上几代所营造的巢毫无二致。它们熟谙营造技术,这方面的知识绝不比它们的曾祖、高祖逊色。它们也懂得用松软但不够结实的马的毛垫在笼子底部,而决不会将它错织到巢壁上。如材料有剩,它们就会用剩料来加固巢与笼上树条的连接,用它扎成带"商标"的特别的结子。

三 工程链接

1 施工过程中常见的直杆构件

脚手架,施工现场为工人操作并解决垂直和水平运输问题而搭设的各种支架,脚手架制作材料通常有竹、木、钢管或合成材料等,如图 3-3 所示。

a）房屋建筑施工中的扣件式脚手架　b）桥墩施工中的碗扣式脚手架　c）隧道混凝土衬砌施工中的脚手架　d）移动式脚手架

图 3-3　脚手架

吊机，广泛用于港口、车间、工地等的起吊搬运机械，吊车的用处在于吊装设备、抢险、起重、救援等方面。如图 3-4 所示。

a）吊机在吊运箱梁　b）吊机在桩基础施工中的使用　c）塔吊在房屋建筑施工中的使用　d）吊机在救援中的使用

图 3-4　吊机

2 工程结构中的直杆构件

网架：由多根杆件按照一定的网格形式通过节点连接而成的空间结构。具有空间受力、重量轻、刚度大、抗震性能好等优点；可用作体育馆、影剧院、展览厅、候车厅、体育场看台雨篷、飞机库、双向大柱网架结构距车间等建筑的屋盖。缺点是汇交于节点上的杆件数量较多，制作安装较平面结构复杂。如图3-5所示。

a）厂房中的屋顶

b）板高过道网架顶

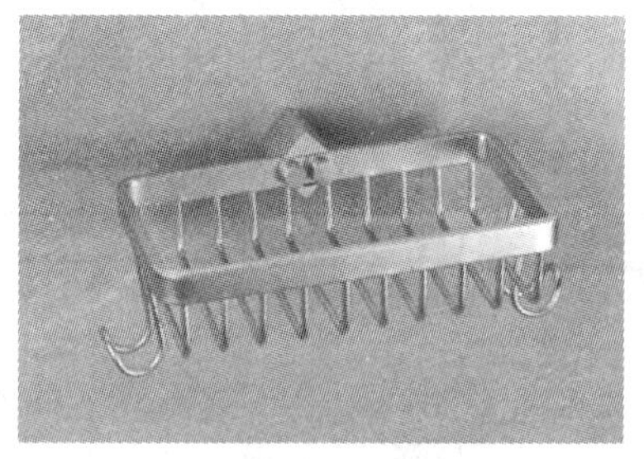

c）日常生活中的网架结构

d）网架景观雕塑

图3-5　网架

四 内容要点

1 重难点解析

拉（压）杆件的受力特点和变形特点；内力、应力、应变等基本概念；轴向拉（压）杆的应力计算，轴向拉（压）杆的强度条件及其应用。

强度计算是工程力学研究的主要问题。强度计算的一般步骤是：

(1)外力分析。分析杆件所受外力情况,根据受力特点,判断构件产生哪种基本变形及确定其大小(荷载与支座反力)。

(2)内力计算。截面法是计算内力的基本方法,应当熟练掌握。由截面法可归纳出求内力的结论(外力与轴力的关系),利用结论计算内力是非常简捷的。

(3)强度计算。利用强度条件可解决三类问题:进行强度校核;选择截面尺寸;确定许可荷载。

2 主要公式

正应力公式:

$$\sigma = \frac{F_N}{A}$$

虎克定律:

$$\Delta l = \frac{F_N l}{EA} \qquad 或 \qquad \sigma = E \cdot \varepsilon$$

强度条件:

$$\sigma_{\max} = \frac{F_{N\max}}{A} \leqslant [\sigma]$$

五 习题解析

【例3-1】　圆钢杆上有一槽,如图3-6所示,已知钢杆受拉力 $F_P = 15\text{kN}$ 作用,钢杆直径 $d = 20\text{mm}$。试求:1-1、2-2截面上的应力(槽的面积可近似为矩形,不考虑应力集中)。

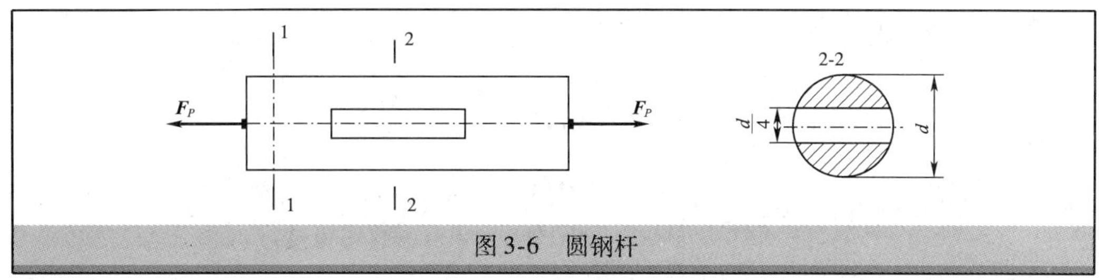

图3-6　圆钢杆

解析:

(1)截面法求出1-1和2-2截面上的内力:

$$F_{N1} = F_{N2} = 15\text{kN} = 15000\text{N}$$

(2)求 1－1 和 2－2 截面面积：

$$A_{1-1}=\pi\left(\frac{d}{2}\right)^2\approx 3.14\times\left(\frac{20}{2}\right)^2\approx 314\text{mm}^2$$

$$A_{2-2}=\pi\left(\frac{d}{2}\right)^2-d\times\frac{d}{4}\approx 3.14\times\left(\frac{20}{2}\right)^2-20\times\frac{20}{4}\approx 214\text{mm}^2$$

(3)根据正应力计算公式求正应力：

$$\sigma_{1-1}=\frac{F_{N2}}{A_{1-1}}=\frac{15000}{314}\approx 47.77\text{MPa}$$

$$\sigma_{2-2}=\frac{F_{N2}}{A_{2-2}}=\frac{15000}{214}\approx 70.09\text{MPa}$$

【例 3-2】　简单支架 BAC 的受力如图 3-7 所示。已知 $F=18\text{kN}$，$\alpha=30°$，$\beta=45°$，AB 杆的横截面面积为 300mm^2，AC 杆的横截面面积为 350mm^2，试求：各杆横截面上的拉应力；两杆的许用应力$[\sigma]=160\text{MPa}$，校核两杆的拉伸强度。

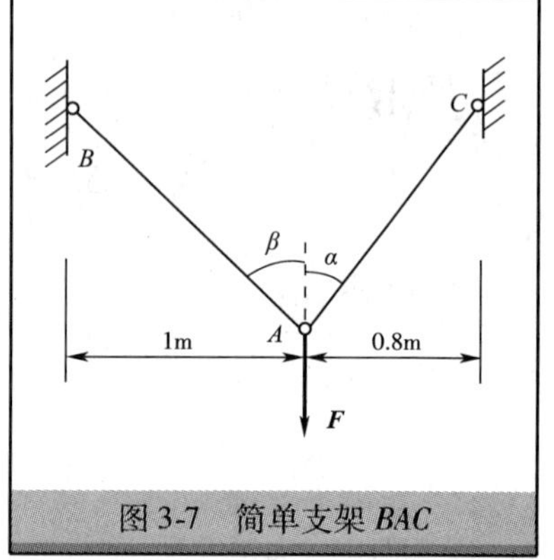

图 3-7　简单支架 BAC

解析：

(1)节点法求出 AB 杆和 AC 杆的内力：

$$\begin{cases}F_{NAB}\cos45^\circ+F_{NAC}\sin60^\circ=18\\F_{NAB}\cos45^\circ=F_{NAC}\sin30^\circ\end{cases}$$

解方程得：

$$F_{NAB}=9.32\text{kN}=9320\text{N}$$

$$F_{NAC}=13.18\text{kN}=13180\text{N}$$

(2)根据正应力计算公式求正应力：

$$\sigma_{AB}=\frac{F_{NAB}}{A_{AB}}=\frac{9320}{300}=31.07\text{MPa}$$

$$\sigma_{AC}=\frac{F_{NAC}}{A_{AC}}=\frac{13180}{350}=37.66\text{MPa}$$

(3)根据轴向拉压正应力强度条件：

$$\sigma_{AB}=31.07\text{MPa}\leqslant[\sigma]=160\text{MPa}$$

$$\sigma_{AC}=37.66\text{MPa}\leqslant[\sigma]=160\text{MPa}$$

因此，两杆的拉伸强度满足要求。

六 模拟试题

1. 填空题

(1)杆件的四种基本变形是________、________、________、________。

(2)轴向拉(压)杆件的受力特点是:作用在杆件上的两个力(外力或外力的合力)________,且作用线与杆轴线重合;变形特点是:杆件沿轴向发生________。

(3)由两种或两种以上的基本变形组合而成的变形称为________。

(4)产生拉伸变形时的轴力符号规定取________,产生压缩变形时的轴力符号规定取________。

(5)构件在外力作用下,单位面积上的______称为应力,用符号______表示;应力的正负规定与轴力______,拉应力为______,压应力为______。

2. 选择题

(1)变截面杆 *ABC* 如图 3-8 所示。设 $\boldsymbol{F}_{NAB}$、$\boldsymbol{F}_{NBC}$ 分别表示 *AB* 段和 *BC* 段的轴力,则下列结论正确的是(　　)。

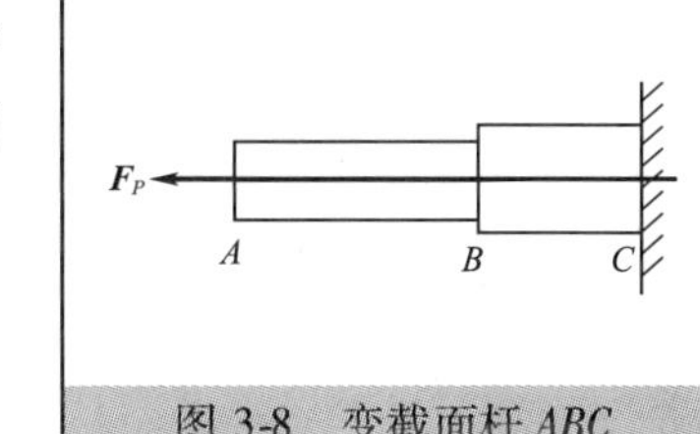

图 3-8　变截面杆 *ABC*

A. $F_{NAB} = F_{NBC} \neq F_P$

B. $F_{NAB} \neq F_{NBC}$

C. $F_{NAB} = F_{NBC} = F_P$

D. $F_{NAB} \leqslant F_{NBC}$

(2)在其他条件不变时,若受轴向拉伸的杆件的面积增大一倍,则杆件横截面上的正应力将减少(　　)。

A. 1 倍　　B. 1/2 倍　　C. 2/3 倍　　D. 1/4 倍

(3)两个拉杆轴力相等,截面面积不相等,但杆件材料不同,则以下结论正确的是(　　)。

A. 变形相同,应力相同

B. 变形相同,应力不同

C. 变形不同,应力相同

D. 变形不同,应力不同

3. 计算题

三角支架如图3-9所示。已知 $F_P = 100\text{kN}$，两杆材料相同，$[\sigma] = 160\text{MPa}$，BC 杆为正方形截面，边长 $a = 30\text{mm}$。

试求：(1)画出 AB 杆、BC 杆、销 B 点的受力图；

(2)求两杆所受的力；

(3)校核 BC 杆的强度。

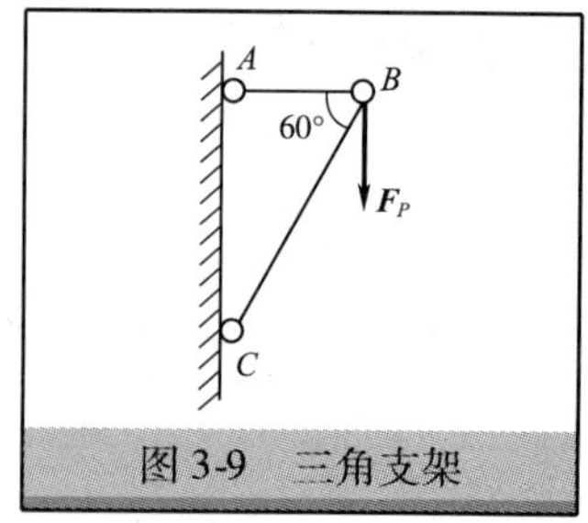

图3-9 三角支架

单元4

直梁弯曲

一 学习引导

1 学习目标

(1)能够认识三种单跨梁并绘制相应简图;

(2)能够运用截面法计算单跨梁在简单荷载下的剪力和弯矩;

(3)能够绘制单跨梁在简单荷载下的内力图;

(4)能够运用正应力强度条件解决工程实际中基本构件的强度校核问题;

(5)会叙述挠度和转角的定义;

(6)能够分析建筑物中典型构件的弯曲强度问题;

(7)具备严谨细致的工作作风和安全意识。

2 学习步骤

认识梁的形式
- 仔细阅读教材中关于各种梁的定义;
- 注意观察日常生活中的梁构件。

计算梁的内力
- 熟悉截面法计算梁的内力的基本步骤;
- 熟练运用规律绘制单跨梁的内力图。

计算梁的正应力强度
- 思考梁的破坏形式;
- 运用正应力计算公式进行强度校核。

分析梁的变形

- 清楚梁的变形特点及挠度的概念；
- 学会查询简单荷载作用下单跨梁的最大挠度。

二 趣味力学

竹的力学美

“墙上芦苇，头重脚轻根底浅；山间竹笋，嘴尖皮厚腹中空。”毛主席的这副对联，是对某些根底浅薄、不学无术，而又夸夸其谈、目中无人者的辛辣嘲讽。对联把这帮人的嘴脸刻画得淋漓尽致、入木三分。但借物喻人，不过是文学创作的一种手法，我们不能因所喻之人而贬物。作为“岁寒三友”之一的“竹”（图4-1），历来为国人所赞誉。更何况，从力学角度看，竹确实是大自然物竞天择的杰作，其力学美至少有三。

图4-1　竹林

其一是体轻质坚，是龙材。据近代材料力学实验测定，竹材的收缩量很小，而弹性和韧性却很高，顺纹抗拉强度和抗压强度（强度极限）分别为180MPa和80MPa，分别为杉木的2.5倍和1.5倍，特别是浙江石门地区出产的刚竹，其顺纹抗拉强度竟高达280MPa，相当于普通钢材的一半。一般竹材的密度仅为$(0.6\sim0.8)\times10^3\mathrm{kg/m^3}$，而钢材的密度则为$7.8\times10^3\mathrm{kg/m^3}$左右。因此，虽然钢材的抗拉强度为一般竹材的2.5～3倍。但若按单位质量计算抗拉能力，则竹材要比钢材强2～3倍，故竹有“植物界的钢铁”之美誉。无怪乎在盛产竹子的江南，随处可见竹房、竹家具、竹船、竹车、竹绳、竹桥，甚至是在木制家具的榫卯结构中，为加固榫卯结合而使用的销钉，也用的是竹材，而非木材。

其二是嘴尖皮厚腹中空，抗弯抗扭能力强。唯其“嘴尖”，才能克服土层的重重阻力，破土而出，而且能不失时机地在雨后土壤最松软的时候钻出地面，故竹有

"雨后春笋"之说。唯其"皮厚腹中空",才能与大自然的狂风抗争,显示出最大的抗弯抗扭能力。强度科学的奠基人伽利略在他晚年所著《关于两门新科学的谈话和数学证明》中最早预言道:"人类的技术和大自然都在尽情地利用这种空心的固体。这种物体可以不增加质量却大大增加其强度,这一点不难在鸟的肢干骨和芦苇上看到,它们的密度很小,但是有极大的抗弯和抗断能力。"弯曲理论和扭转理论指出,空心杆的抗弯能力和抗扭能力要比同样截面积的实心杆大得多,而且在保证一定壁厚的条件下,空心度 α(内、外径之比)增大,其抗弯和抗扭能力也随之增加。例如,太湖流域大毛竹的空心度为 0.85,其抗弯能力要比同样质量的实心杆大 2 倍多。更为神奇的是,竹子每隔一段距离就有一个竹节,竹节的横截面上有一薄片,使横截面成为实心的。别小看这一薄片,它可起"补强作用",使竹子不易局部失稳。实验表明,有节整竹相比无节竹段,其抗弯强度可提高 20%,它对减少竹子的变形量——挠度和转角,起着极大的作用。竹子在反复弯曲变形下的疲劳寿命大大高于木材,也与此竹节薄片有关。机械设计师可以仿照竹子制造出空心传动轴,但要在轴腔内加上类似的"竹节薄片"却颇为困难。另外,竹节薄片不是平的,而是有较大的凹凸度,这种外形使其在受力后很难变形,这又是大自然的鬼斧神工!最后,竹子的根系深而广,形成了很好的固定端约束;竹子的叶片比一般树叶小,分布较稀疏,避免了"树大招风"带来的麻烦。这也解释了为何在暴风骤雨中,有些参天大树被连根拔起,但竹子虽枝条狂舞,主干却屹立而不倒。

其三是下粗上细,高而不折,是大自然造就的等强度梁。竹子具有一种独特的生长方式:出土前母笋的节数就已确定,出土后不再增加新节,只是增加节间的距离,一节比一节高,一节比一节细,形成一种内、外径均呈线性变化的近似"等强度梁"。因悬臂梁在其固定端处弯矩最大,而自由端弯矩为零,按弯矩的大小分配材料是最经济的分配方案,即所谓"好钢用在刀刃上"。所以,一般的大毛竹(节数为 70 左右),尽管高达 20 余米,却仍能摆动自如,高而不折,真是"千磨万击还坚劲,任尔东西南北风"。人类的机械加工,虽能制造出阶梯状的近似等强度梁,但要加工出像竹子一样、外径呈线性变化的梁,却非易事。

世界著名建筑大师贝聿铭先生设计成功的高 315m 的 70 层香港中国银行大厦(于 1985 年初动工,1988 年竣工)居然能在多台风的香港建造,就是得益于竹子的启示。据贝氏自述,此项"仿竹杰作"在他心中酝酿很久,是在受到郑板桥

“兰竹图”的启发后，才一锤定音的。整座大厦看上去就像竹子一样，下粗上细，到一定高度变细一节。综上所述，对于竹子的合理力学结构，就连最优秀的建筑师也不得不钦佩。例如，人类造的最细最高的烟囱，平均直径是5.5m，高度达140m。但如果烟囱也能具有竹子的“力学结构”，那么高140m的烟囱，其直径只要3m多就够了！

有人说，在宇宙间，力学的法则构成了审美法则的基础，看来此话颇有道理。

摘自网络博客(http://13733874.blog.hexun.com/46371998_d.html)。

三 工程链接

1 施工过程中常见的直梁构件

(1)方木，在工程中常作为承受荷载较小的小跨径梁结构，如木模板的骨架，如图4-2所示。其优点是造价低；缺点是抗弯能力不强，易腐蚀，不宜重复使用。

a）房屋建筑施工中，作为竹胶板龙骨

b）桥墩施工中，作为木模板骨架

c）桥墩施工中，作为木模板骨架及做抱箍

d）现浇箱梁施工中，竹胶板骨架

图4-2　方木

(2)工字钢,也称钢梁,是截面为工字形的长条钢材,如图4-3所示。其规格以腰高h×腿宽b×腰厚t的毫数表示,如“工160×88×6”即表示腰高为160mm、腿宽为88mm、腰厚为6mm的工字钢。工字钢的规格也可用型号表示,型号表示腰高的厘米数,如工16号。腰高相同的工字钢,如有几种不同的腿宽和腰厚,需在型号右边加a、b、c予以区别,如32a号、32b号、32c号等。

工字钢是一种断面力学性能更为优良的经济型断面钢材,其特点如下:

①翼缘宽,侧向刚度大,抗弯能力强。

②翼缘两表面相互平行,使得连接、加工、安装简便。

③与一般型钢相比,成本低,精度高,残余应力小,无需昂贵的焊接材料和焊缝检测,节约钢结构制作成本30%左右。

④相同截面负荷下,热轧H钢结构比传统结构质量减轻15%~20%。

⑤与混凝土结构相比,工字钢结构可增大6%的使用面积,而结构自重减轻20%~30%,减少结构自重所引起的内力。

a）房屋建筑施工中，作为楼板骨架

b）桥梁满堂式支架中，作为小通道主梁

c）建筑施工悬挑脚手架中，作为悬挑梁

d）盖梁施工中，作为模板支撑梁

图4-3　工字钢

(3)贝雷架,又称贝雷片、贝雷梁或桁架,如图4-4所示。“321”型于1965年定型生产,在我国得到了很大发展,广泛应用于国防战备、交通工程、市政水利工程,是我国应用最广泛的组装式梁。“HD200”型装配式贝雷梁增加了桁架高度,提高了承载能力,增强了稳定性能,增加了疲劳寿命,提高了可靠度,与“321”型钢桥比,在相同组合情况下,其强度提高了33%,刚度提高了2.3倍。

其特点是结构简单、运输方便、架设快捷、载质量大、互换性好、适应性强,其跨越能力大于工字钢。

a)桥梁施工中,作为龙门吊主要构件

b)桥梁悬臂施工中,作为挂篮支撑梁

c)房屋建筑施工中,作为大跨径的梁结构

d)公路施工中,作为便桥

图4-4　贝雷架

2 工程结构中的直梁构件

(1)房屋建筑,一般指上有屋顶,周围有墙,能防风避雨,御寒保温,供人们在其中工作、生活、学习、娱乐和储藏物资,并具有固定基础,层高在2.2m以上的永久性场所,如图4-5所示。但根据某些地方的房屋生活习惯,可供人们常年居住的窑洞、竹楼等也应包括在内。

a）木结构中的梁构件

b）工业厂房中的钢梁

c）房屋建筑中的混凝土梁

d）景观过道中的竹梁

图4-5　房屋建筑

（2）公路桥梁，是指为道路跨越天然或人工障碍物而修建的建筑物，如图4-6所示。一般，桥梁由五大部件和五小部件组成。五大部件是指桥梁承受汽车或其他车辆运输荷载的桥跨上部结构与下部结构，是桥梁结构安全的保证，包括跨结构（或称桥孔结构、上部结构）、支座系统、桥墩、桥台、墩台基础。五小部件是指直接与桥梁服务功能有关的部件，过去称为桥面构造，包括桥面铺装、防排水系统、栏杆、伸缩缝、灯光照明。

a）简易的矩形竹结构桥

b）高速公路上常见的钢筋混凝土T梁桥

c）高速公路上常见的钢筋混凝土箱梁桥

d）钢管混凝土拱桥中的混凝土小横梁

图4-6　公路桥梁

四 内容要点

1 重难点解析

(1)正确求解支座反力至关重要

求梁横截面上的内力时,一般都要先求支座(固定端、固定铰支座、链杆支座、可动铰支座)反力。牢记各种支座反力的个数和方位,不要漏掉任何一个支座反力,也不应多加支座反力。任意假设约束反力方向,用研究整体或局部平衡的方法求解。求得的结构务必用尚未列过的平衡方程进行校核,因为无误的支座反力是绘制正确的内力图的先决条件。

(2)控制截面的概念

集中力(含支座反力)和集中力偶作用点处两侧无限靠近作用点的截面,称为控制截面。对于间断性均布荷载,其起始作用点和终了作用点处的截面,也是控制截面。在两个控制截面中间,梁的剪力和弯矩的图形成规律变化(剪力图一般为直线;弯矩图在均布荷载作用下为二次抛物线,两控制截面中间如无荷载,弯矩图则为直线)。

(3)弯矩和剪力的确定

确定梁横截面上剪力和弯矩的基本方法是截面法。截面法求剪力和弯矩的步骤与求轴力类似。其简便算法也与前类似,即任一横截面上的剪力等于截面一侧所有外力在梁轴垂直方向上投影的代数和,左侧的外力向上为正、向下为负,右侧反之。任一横截面上的弯矩等于截面一侧所有外力对截面形心之矩的代数和,使梁下侧受力为正,反之为负。

(4)弯矩正负的定义和弯矩图的画法

对于梁,使梁变形成上凹的弯矩为正[图4-7a)],反之为负[图4-7b)]。

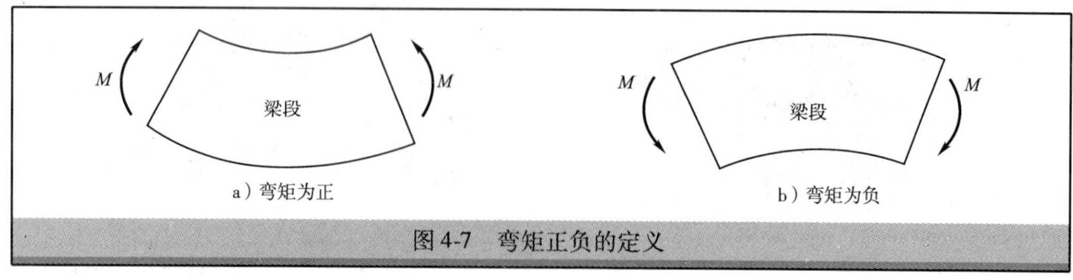

图4-7 弯矩正负的定义

弯矩图的纵坐标向下为正，正弯矩画在下方，即画在梁的受拉侧；负弯矩画在上方，同样画在梁的受拉侧。

（5）直梁强度计算的前提

正确计算出 M_{max} 和 F_{Qmax} 是进行强度校核的前提。在受力情况较简单时，不一定要通过剪力图和弯矩图来确定 M_{max} 和 F_{Qmax}。

（6）正应力正、负的判定

以中性层为界，弯曲时梁在凸出一侧受拉，此侧正应力为正；凹入一侧受压，此侧正应力为负。这时，$M=M(x)$ 的 M 和 x 均应以绝对值代入。

（7）σ_{max} 的确定

在确定 σ_{max} 时，仅考虑 M_{max} 截面是不够的。当各截面的 I_z 不同时，还需要考虑 I_{zmin} 截面；当中性轴不是截面的水平对称轴时，还需考虑 y_{max} 的点；对于脆性材料，因其容许拉、压应力不同，故还需对最大拉应力和最大压应力分别进行强度校核。

2 主要公式公理

（1）内力图规律

内力图规律如表4-1所示。

梁的荷载、剪力图、弯矩图相互间的关系　　表4-1

梁上外力情况	剪力图	弯矩图
无分布荷载 （$q=0$）	剪力图平行于 x 轴 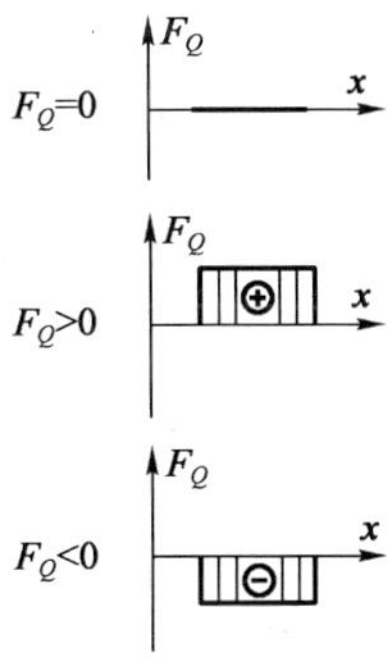 $F_Q=0$ $F_Q>0$ ⊕ $F_Q<0$ ⊖	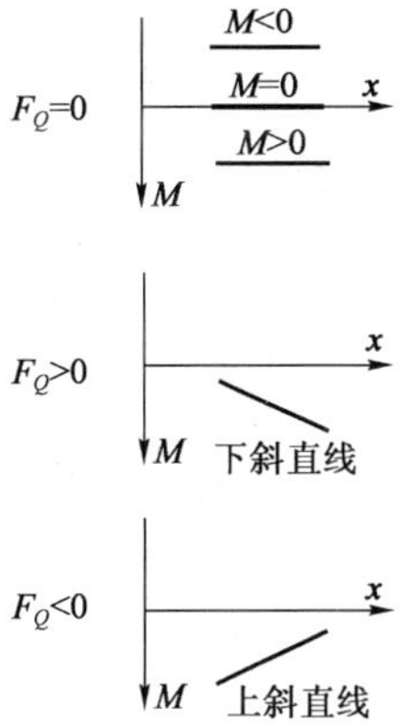 $F_Q=0$：$M<0$，$M=0$，$M>0$ $F_Q>0$：下斜直线 $F_Q<0$：上斜直线
均布荷载向上作用 $q>0$ 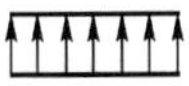	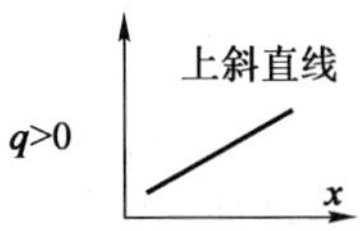 $q>0$：上斜直线	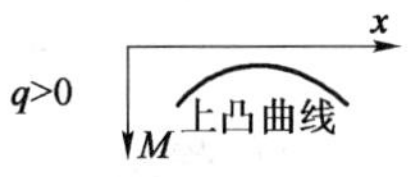 $q>0$：上凸曲线

续上表

梁上外力情况	剪力图	弯矩图
均布荷载向下作用 $q<0$	$q<0$ F_Q 下斜直线 x	$q<0$ x M 下凸曲线
集中力作用 F_P	在集中力作用截面突变 F_P	在集中力作用截面出现尖角
集中力偶作用 M_0	无影响	在集中力偶作用截面突变 M_0
	$F_Q=0$ 截面	有极值

(2)直梁正应力计算公式

$$\sigma = \frac{M \cdot y}{I_z}$$

式中:y——横截面所求正应力的点到中性轴的距离;

I_z——横截面对于其中性轴的惯性矩(二次矩)。

公式表明,梁横截面上任一点的正应力 σ 与截面上的弯矩 M 和该点到中性轴的距离 y 成正比,而与截面对中性轴的惯性矩 I_z 成反比。

五 习题解析

【例4-1】 如图4-8所示,某20a工字形钢梁在跨中作用集中力 $\boldsymbol{F}$,已知 $l=6\text{m}$,$F=20\text{kN}$,求梁中的最大正应力。

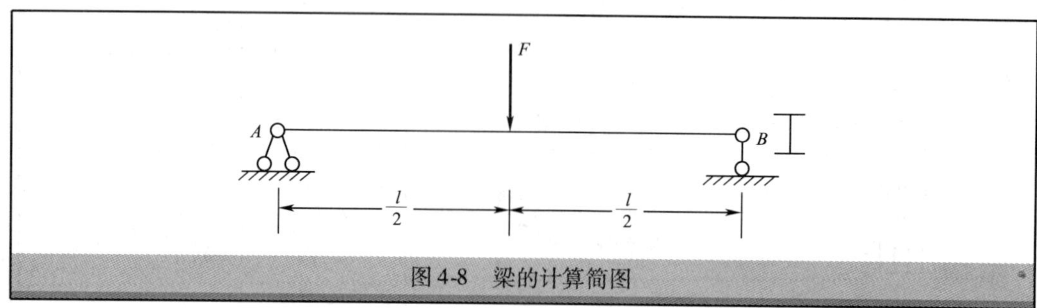

图4-8 梁的计算简图

解析：(1)确定梁内的最大弯矩截面在跨中截面：

$$M_{max} = \frac{F_P l}{4} = \frac{20 \times 6}{4} = 30\text{kN} \cdot \text{m}$$

(2)查教材附录中的型钢表，确定20a工字钢的抗弯截面系数：

$$W_z = W_x = 2.37 \times 10^5 \text{mm}^3$$

(3)根据弯曲正应力的计算公式，计算梁中的最大正应力：

$$\sigma_{max} = \frac{M_{max}}{W_z} = \frac{3.0 \times 10^3}{2.37 \times 10^5 \times 10^{-9}} \approx 1.266 \times 10^7 \text{Pa} \approx 12.66\text{MPa}$$

【例4-2】 如图4-9所示，工字钢外伸臂梁，工字钢型号为No16，在端部承受集中力 $\boldsymbol{F}_P$，已知 $F_P = 20\text{kN}$，$[\sigma] = 160\text{MPa}$，试校核该梁正应力强度。

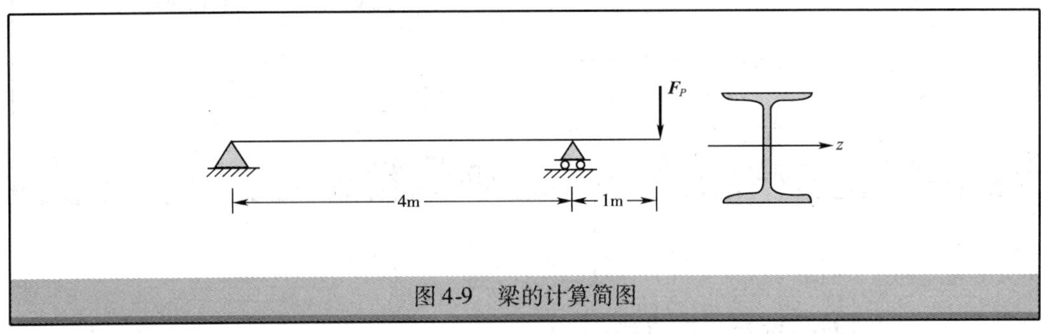

图4-9 梁的计算简图

解析：(1)绘制弯矩图(图4-10)，确定梁内最大弯矩：

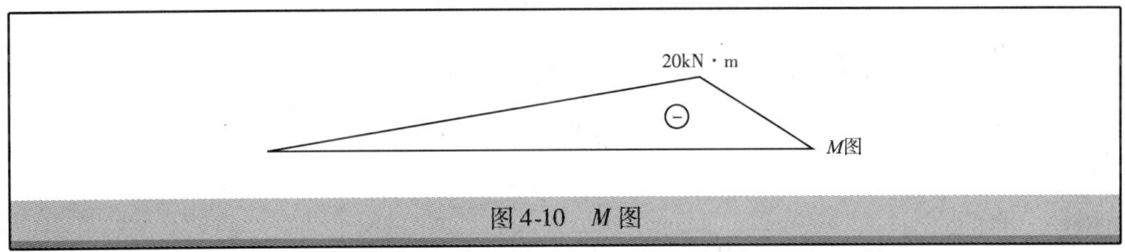

图4-10 *M*图

$$M_{max} = F_P \times 1 = 20\text{kN} \cdot \text{m}$$

(2)查教材附录中的型钢表，可确定截面的抗弯截面系数：

$$W_z = W_x = 141\text{cm}^3 = 141 \times 10^3 \text{mm}^3$$

(3)根据弯曲正应力强度条件，计算最大正应力：

$$\sigma_{max} = \frac{M_{max}}{W_z} = \frac{20 \times 10^6}{141 \times 10^3} = 141.84\text{MPa} \leqslant [\sigma]$$

因此，此梁的正应力强度满足要求。

【例4-3】 圆形截面木梁承受图4-11所示荷载作用，已知 $l = 3\text{m}$，$F = 3\text{kN}$，

$q=3\text{kN/m}$，弯曲时木材的容许应力$[\sigma]=10\text{MPa}$，试选择梁的直径 d。

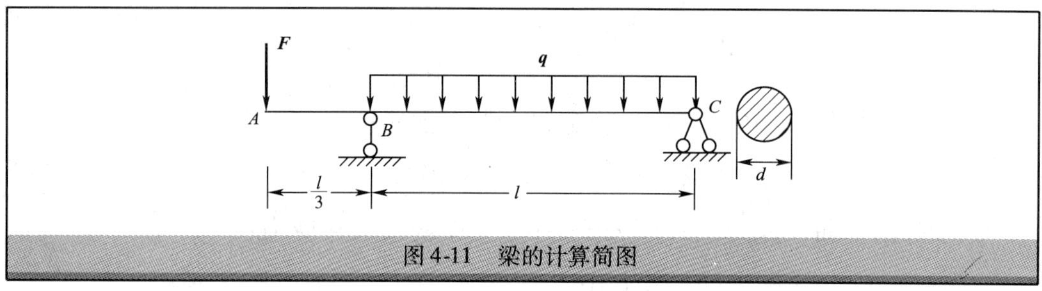

图 4-11　梁的计算简图

解析：(1)绘制弯矩图(图 4-12)，确定梁内最大弯矩：

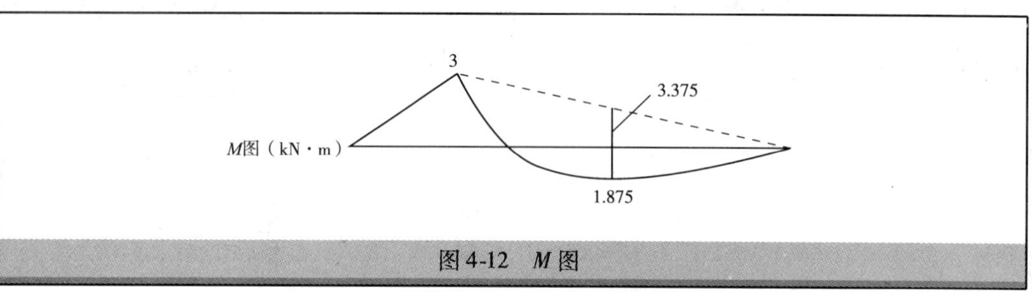

图 4-12　*M* 图

$$M_{max}=F\cdot\frac{l}{3}=3\times\frac{3}{3}=3\text{kN}\cdot\text{m}$$

(2)确定截面的抗弯截面系数：

$$W_z=\frac{\pi d^3}{32}$$

(3)根据弯曲正应力强度条件，计算梁的直径：

$$W_z=\frac{\pi d^3}{32}\geqslant\frac{M_{max}}{[\sigma]}$$

$$d\geqslant\sqrt[3]{\frac{32M_{max}}{\pi[\sigma]}}=\sqrt[3]{\frac{32\times3\times10^6}{3.14\times10}}=145\text{mm}$$

因此，可选取梁的直径为 150mm。

六 模拟试题

1. 填空题

(1)梁弯曲时，其横截面的______按直线规律变化，中性轴上各点的正应力等于______，而距中性轴越______(远或者近)，正应力越大。

(2)工程结构中的悬臂梁,材料为钢筋混凝土(此材料钢筋主要用来抗拉,混凝土用来抗压),一般情况下钢筋布置在梁的________侧。

(3)在实际工程中,常选择型钢来做梁结构,一般选择__________截面的型钢。

(4)$W_z = \frac{I_z}{y_{max}}$称为______________,它反映了截面的________和______对弯曲强度的影响,W_z 的值愈大,梁中的最大正应力就愈__________。

(5)矩形截面梁的横截面高度为 h,宽度为 b,该截面对其形心轴的惯性矩 I_z = ________,抗弯截面系数 W_z = ______________。

2. 选择题

(1)图 4-13 中悬臂梁的最大弯矩 M_{max} = ________。

A. $F_P l$　　B. $\frac{1}{2}F_P l$　　C. $\frac{1}{4}F_P l$　　D. $2F_P l$

(2)图 4-14 中简支梁的最大弯矩 M_{max} = ________;最大剪力 F_{Qmax} = ________。

A. $\frac{a}{l}F_P;\frac{ab}{l}F_P$　　B. $\frac{ab}{l}F_P;\frac{b}{l}F_P$　　C. $\frac{ab}{l}F_P;\frac{1}{2}F_P$　　D. $\frac{ab}{l}F_P;\frac{a}{l}F_P$

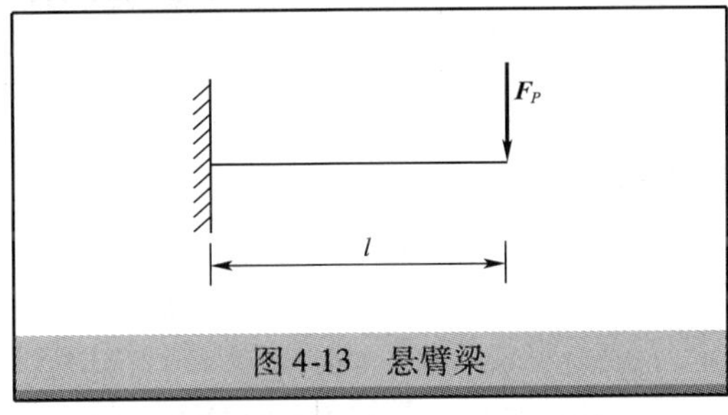

图 4-13　悬臂梁

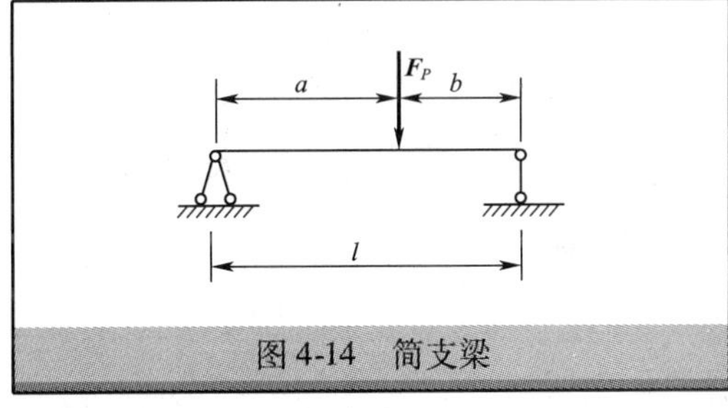

图 4-14　简支梁

(3)圆形截面梁的横截面直径为 d,该截面对其形心轴的惯性矩 I_z = ______,抗弯截面系数 W_z = ______________。

A. $\frac{\pi d^3}{16};\frac{\pi d^4}{32}$　　B. $\frac{\pi d^4}{32};\frac{\pi d^3}{16}$

C. $\frac{\pi d^4}{64};\frac{\pi d^3}{32}$　　D. $\frac{\pi d^3}{64};\frac{\pi d^3}{16}$

(4)减小梁的工作应力的办法,主要是________最大弯矩值 M_{max} 和________截面的抗弯截面系数 W_z。

A. 降低;降低　　B. 降低;增加

C. 增加;增加　　D. 增加;降低

3. 作图题

作图4-15中梁的剪力图和弯矩图。

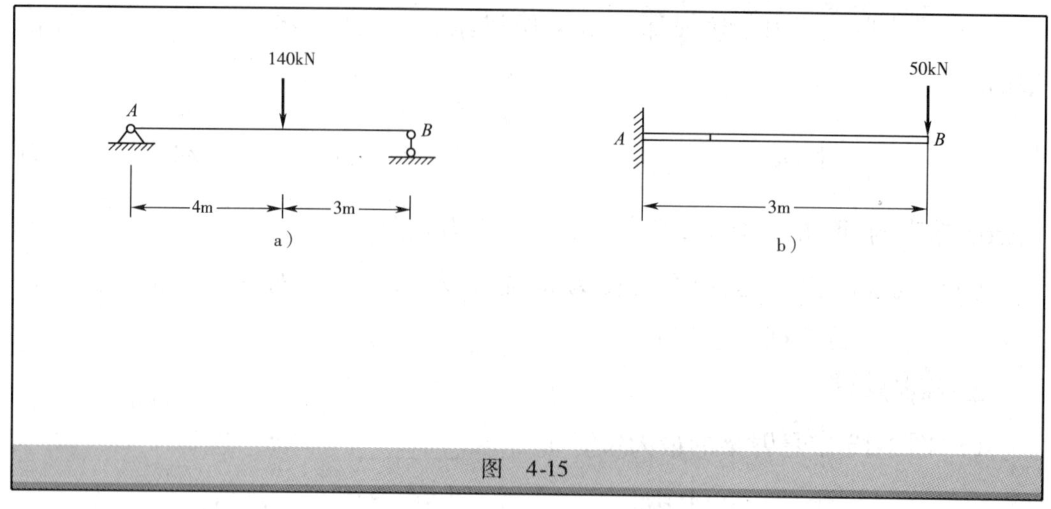

图　4-15

4. 计算题

外伸梁受力如图4-16所示,已知梁的横截面为圆形,直径 $d=30\mathrm{mm}$,梁的跨度 $L=2\mathrm{m}$,$F=100\mathrm{kN}$,$[\sigma]=160\mathrm{MPa}$。试校核该梁的弯曲正应力强度。

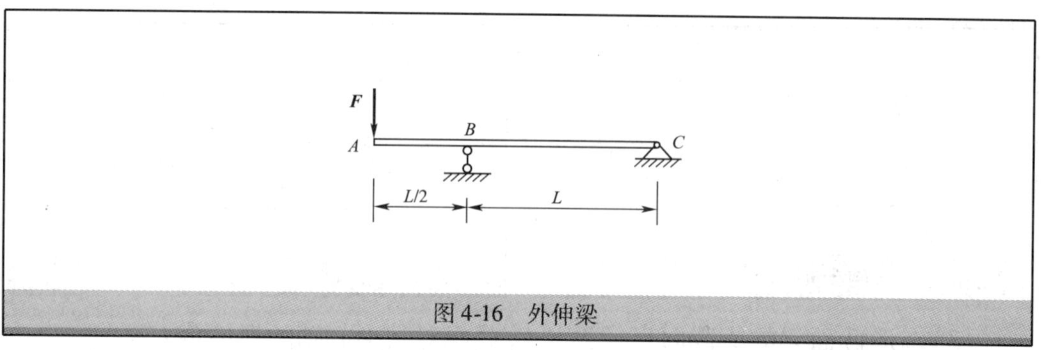

图4-16　外伸梁

单元 5

受压构件的稳定性

一 学习引导

1 学习目标

(1)能够认识到压杆失稳的危害性；

(2)能叙述压杆失稳的概念；

(3)能够分析影响受压构件稳定性的因素；

(4)能够阐述提高压杆稳定性的措施；

(5)在小组学习中能够收集资料并提出解决问题的方法、措施。

2 学习步骤

认识压杆失稳

- 仔细阅读教材中压杆失稳的概念；
- 通过阅读工程事故,认识到压杆失稳的危害性。

分析失稳因素

- 认识欧拉公式中各字母的含义；
- 由欧拉公式分析影响压杆稳定性的因素。

分析提高稳定性的措施

- 分析工程链接图片中的提高压杆稳定性的措施；
- 由欧拉公式总结提高压杆稳定性的措施。

二 趣味力学

桥梁史上的悲剧

图 5-1　钢桁架桥

19 世纪的最后 25 年中，欧美发生过一系列铁路和公路桥梁以及杆系结构的破坏事件，这些破坏事件有不少是由于压杆失稳造成的。其中，首推美国横跨阿什特比拉河上钢桁架桥（图 5-1）的破坏。

该桥为双轨路面、跨长 37m 的全金属桁架式单跨铁路桥，建于 1865 年。1876 年 12 月 29 日晚 8 时许，一列由两辆机车和 11 节车厢组成的快车从该桥上通过。漫天大雪使列车只能以16～19km/h 的速度行驶。当第一辆机车行驶至离对岸不到 15m 时，驾驶员感到列车在向后拽，于是他采取了加速措施，猛地将车开上桥墩，行驶了 45m 后停住。这时驾驶员回头一看，发现什么都不见了。由于大桥断裂，后面的列车从 21m 高处坠入河中，列车因锅炉失火而烧毁，158 名乘客中有 92 人遇难。经调查，该桥的破坏原因是多方面的，但直接原因是压杆失稳。由现在的分析知，其斜撑杆最大工作压应力 $\sigma = 41.2\text{MPa}$。但按当时的经验公式算得的临界应力 $\sigma_{cr} = 76.9\text{MPa}$，安全系数为 1.87，结构是安全的。实际上，此杆常细比 $\lambda = 321$，属细长杆，应按欧拉公式计算，其值为 19.2MPa。可见，斜压杆失稳是不可避免的。然而，这座桥居然工作了 11 年，不能不令人感到惊奇！

另一则事故是瑞士明汉斯泰因村铁路桥的破坏。该桥长 42m、高 6m、宽 4.6m，为单跨桥，采用埃菲尔桁架。1981 年 5 月 14 日，一座架设在莱茵河直流比尔斯河上的单轨铁桥坠毁。在有 12 节车厢的旅客列车上，74 人蒙难，200 人受伤。事故发生前不久，曾重新分析过该桥的强度。实验表明，桥梁桁架可承受一般荷载，经核算构件的应力不超过 66.3MPa，且荷载也不超过原设计规定的技术条件。为保险起见，还对该桥采取了局部加强措施。桥的破坏发生在白天。由于列车在爬坡，速度只有 25km/h。据目击者描述，当第一个车头开到桥中央（或稍过一点)时,车头就连同车厢一起冲向河里了。瑞士政府责成结构力学教授里特尔和实验专家泰特马耶尔两人分析事故原因。与此同时,恩盖塞教授也对该桥进行了独立的分析。他们的一致意见是,当荷载位于桥跨中央时,桁架中间斜杆的压应力最大,此杆的安全系数小于 1(工作压应力为 66. 3MPa,由欧拉公式算出的临界应力为 52MPa)。

20 世纪初,也发生了一些因压杆失稳而造成的事故。如 1970 年,在建造魁北克城横跨圣罗棱士河的跨度为 548m 的大桥时,大桥突然倒塌,70 余人蒙难。事后检查的结果表明,事故是由桥下弦压杆稳定性不足而造成的。

这一系列事例说明,在结构设计中,若缺乏全面的稳定性分析,其后果将十分严重。同时,这些事故的发生也促使人们深入地研究并掌握压杆稳定的规律,最终避免悲剧的重演。

三 工程链接

施工过程中提高稳定性的措施

1 塔吊

塔吊(图 5-2)是大型高耸设备,其稳定性主要是塔吊本身的稳定性及起吊重物时的稳定性。塔吊本身的稳定主要是塔吊的基础要严格施工,符合设计要求,塔吊允许的自由高度应在规范之内,一旦超过允许的自由高度应按规定增加附墙连接。塔吊基础应离基坑一定距离,以确保塔吊基础稳定。这一点很重要。如 1995 年苏州某商城工地,由于塔吊基础在基坑边,基坑刚开挖,加之围护桩不是密排,经过一场暴雨后,基土流失,造成塔吊基础失稳倾斜,塔吊随之倾倒,所幸塔吊倒塌是在早晨上班之前,没有造成人员伤亡。另外,在塔吊起吊重物时也应严格按安全操作规程进行,不可以过载,旋转及上升速度不可太快,否则易造成塔吊失稳。因此,塔吊的稳定性至关重要,塔吊一旦发生失稳倾倒,将会造成较严重的后果。

图 5-2　塔吊

2 脚手架

脚手架(图 5-3)是一种临时结构物,但却极其重要。因为它主要是为工人提供操作平台,一旦失稳倒塌,将会造成很严重的事故。在我们身边发生的脚手架倒塌、掉落的事故并不少见。1994 年,某市政府工地采取悬挑脚手架,在施工过程中由于堆放材料过多、局部扣件破坏,使得整个架子从 19 层(91m)高处倒塌掉落,造成几名工人当场死亡、多人受伤的恶性事故。我们认为脚手架的稳定性主要在于根据特点及施工要求,选择合理的架子结构及架子材料,按操作堆积搭设,架子的基础及地基稳固,架子的连墙点按规范要求,不可任意减少。因为外架子的整体稳定性就靠它,使用过程不可以任意加大荷载,堆放过多的材料或增加同时作业层数。而超过架子的设计荷载,使用过程中不可以随便拆除连墙点,若发现连墙点有拆除,应及时恢复。另外,剪刀撑的设置必须按规范要求。对于悬挑式脚手架,要特别注意一层悬挑梁所能承担的脚手层数,不可以随便增加。施工中同时要注意荷载量的控制。新加坡普遍使用的都是悬挑式脚手架,避免了由于地表不平或地基软陷而造成架子倾斜等,且不影响架子下面部位排水沟等室外工程的施工。

3 桥梁施工中的支撑体系

桥梁施工中的支架支撑体系(图 5-4)常用钢管桩、大型工字钢等。由于荷载集中,支撑压杆的稳定显得尤为重要,常做抱箍和斜撑来提高稳定性。

图 5-3　脚手架

图 5-4　桥梁施工中的支撑体系

四 内容要点

1 重难点解析

(1)压杆失稳的概念

如图5-5所示，在凹曲面最低点处平衡的小球，受到微小的扰动后离开平衡位置。在撤去干扰力后，小球经过来回几次滚动，最终仍回到原来的平衡位置，这种平衡状态称为稳定平衡。而在凸曲面顶点上平衡的小球，受到微小扰动后，在重力作用下会往下滚，不再回到原来的平衡位置，这种平衡状态称为不稳定平衡。压杆平衡的稳定性与此类似。当细长杆件所受压力小于某极限值时，杆件一直保持直线形状的平衡，微小的侧向干扰力虽能使其暂时发生轻微弯曲，但撤去干扰力后，杆仍能恢复直线形状。这表明压杆直线形态的平衡是稳定的。当压力逐渐增加到某一极限值时，若再用微小的侧向干扰力使其发生轻微弯曲，则撤去干扰力后，杆不能恢复原有的直线形状，它将保持曲线形状的平衡。此时，压杆直线形状的平衡是不稳定的。

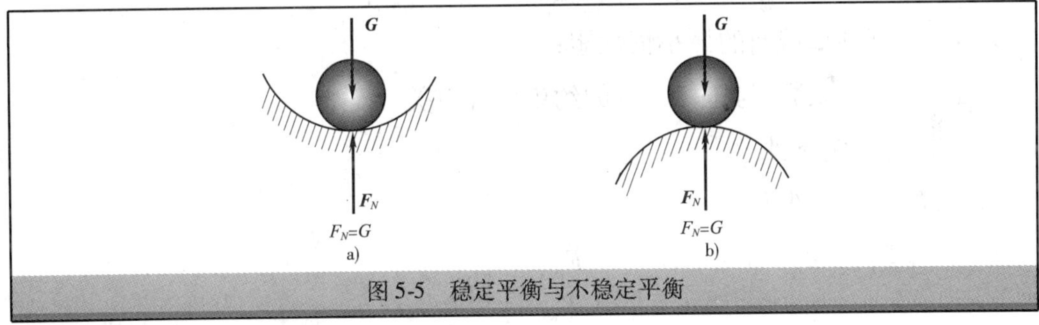

图5-5　稳定平衡与不稳定平衡

(2)失稳是一种失效

细长压杆失稳破坏时，横截面上的压应力小于强度极限。由此可见，失稳破坏与强度不足的破坏是两种性质完全不同的失效。失稳现象由于其发生的突然性和破坏的彻底性(整体破坏)，往往造成灾难性后果，从而引起工程界的高度重视。稳定性同强度、刚度一样，被并列为对构件正常工作的三大要求之一。

欧拉早在1774年就已解决了临界压力的计算问题，由于当时科学技术发展水平的限制，一直未被人们所重视，直到工程上接连不断地出现诸如铁路桁架桥坍塌等严重事故，究其原因后发现都是由于压杆失稳所致，欧拉提出的理论才得到重视和应用。

（3）压杆失稳总发生在抗弯能力最小的平面内

若压杆在 xy 和 xz 平面内的约束条件相同，但 $I_y < I_z$ 时，则失稳总在 xz 面内发生，即横截面绕 y 轴转动。这一点只要联想通常所用钢尺的变形，就会很清楚。

（4）影响压杆稳定性的因素

压杆的稳定性取决于临界应力的大小。由欧拉公式可知，当柔度 λ 减小时，则临界应力提高，而 $\lambda = \frac{\mu l}{i}$，所以影响受压构件稳定性的主要因素有受压构件的长度、选取的截面形状、受压构件两端的支撑情况以及所选用的材料。

2 主要公式公理

（1）临界力的欧拉公式

细长压杆临界力的计算公式——欧拉公式为：

$$F_{P\mathrm{cr}} = \frac{\pi^2 EI}{(\mu l)^2}$$

式中：E——材料的弹性模量；

l——杆的长度，μl 称为计算长度；

I——杆件横截面的最小惯性矩；

μ——长度系数，与压杆两端的约束条件有关。

（2）压杆稳定条件

压杆的稳定条件为：

$$F_P \leqslant \frac{F_{P\mathrm{cr}}}{K_\mathrm{w}} = [F_{P\mathrm{cr}}]$$

式中：F_P——实际作用在压杆上的压力；

$F_{P\mathrm{cr}}$——压杆的临界压力；

K_w——稳定安全系数，随 λ 而变化。

五 模拟试题

填空题

（1）细长压杆在轴向力作用下保持其原有直线平衡状态的能力称为______

________。

(2)在一定轴向压力作用下,细长直杆突然丧失其原有直线平衡形态的现象叫做压杆______。

(3)压杆失稳与强度破坏,就其性质而言是完全不同的,导致压杆失稳的压力比发生强度破坏时的压力要________得多。因此,必须对细长压杆进行________计算。

(4)柔度 λ 是压杆稳定计算中的一个十分重要的几何参数。柔度 λ 综合反映了________、________、________对临界应力的影响。λ 越大,表示压杆越________,临界应力就越________,临界力也就越小,压杆就越易________。

(5)影响受压构件稳定性的主要因素有受压构件的________、选取的截面_____、受压构件两端的________情况以及所选用的________。

(6)提高受压构杆稳定性的措施主要有:________压杆的长度;________长度系数 μ;选择合理的________;选择适当的________;改善结构________情况。

单元 6

工程中常见结构简介

一 学习引导

1 学习目标

(1)清楚地知道在工程结构只能采用几何不变体系；

(2)能叙述各种静定结构的结构特点以及受力特点；

(3)能从内力比较中认识到超静定结构相对于静定结构的优越性。

2 学习步骤

学会几何组成分析

- 认识几何可变体系和几何不变体系；
- 运用几何组成规则分析简单的平面结构。

认识静定结构特点

- 观察生活中和工程中梁、刚架、拱、桁架；
- 分析梁、刚架、拱、桁架的受力特点。

认识超静定结构特点

- 观察生活中和工程中的超静定梁、刚架；
- 与静定结构对比，分析超静定梁、刚架内力分布情况。

二　趣味力学

赵　州　桥

赵州桥(图6-1)建于隋代(公元581—公元618年)大业年间(公元605—公元618年),由著名匠师李春设计和建造,距今已有1400年的历史。1961年,赵州桥被国务院列为第一批全国重点文物保护单位。1991年,美国土木工程师学会将安济桥选定为第12个“国际历史土木工程的里程碑”,并在桥北端东侧建造了“国际历史土木工程古迹”铜牌纪念碑。赵州桥,又名安济桥,位于河北赵县洨河上,是世界上现存最早、保存最好的巨大石拱桥,被誉为“华北四宝之一”。桥长64.40m,跨径37.02m,券高7.23m,是当今世界上跨径最大、建造最早的单孔敞肩型石拱桥。因桥两端肩部各有两个小孔,不是实的,故称敞肩型(没有小拱的称为满肩型或实肩型)。这是世界造桥史的一个创造。桥上有很多的东西,类型众多,丰富多彩。

图6-1　赵州桥

赵州桥经历了10次水灾、8次战乱和多次地震,特别是1966年邢台发生了7.6级地震,由于邢台距赵县有40多公里,赵县也发生了四点几级地震,但赵州桥都没有被破坏。著名桥梁专家茅以升说:“先不管桥的内部结构,仅就它能够存在

1300多年就说明了一切。”1963年的水灾大水淹到桥拱的龙嘴处，据当地的老人说，站在桥上都能感觉到桥身很大的晃动。据记载，赵州桥自建成至今共修缮9次。在主拱券的上边两端又各加设了两个小拱。一是可节省材料，二是减少桥身自重（减少自重15%），而且增加桥下河水的泄流量。1979年5月，由中国科学院自然史组等四个单位组成联合调查组，对赵州桥的桥基进行了调查，自重为2 800t的赵州桥（其根基仅仅为五层石条砌成高1.55m的桥台），直接建在自然砂石上。这么浅的桥基令人难以置信。

赵州桥三绝是：

（1）“券”小于半圆。我国习惯上把弧形的桥洞、门洞之类的建筑叫做“券”。一般石桥的券，大都是半圆形。但赵州桥跨度很大，从这一头到那一头有37.04m。如果把券修成半圆形，那桥洞就要高1852m。这样车马行人过桥，就好比越过一座小山，非常费力。赵州桥的券是小于半圆的一段弧，这既减低了桥的高度，减少了修桥的石料与人工，又使桥体非常美观，就如同天上的长虹一般。

（2）“撞”空而不实。券的两肩叫做“撞”。一般石桥的撞都用石料砌实，但赵州桥的撞没有砌实，而是在券的两肩各砌两个弧形的小券。这样桥体增加了四个小券，约节省了180m^{3}的石料，使桥的质量减轻了约500t。当洨河涨水时，一部分水可以从小券往下流，既可以使水流畅通，又减少了洪水对桥的冲击，保证了桥的安全。

（3）洞砌并列式。它用二十八道小券并列成9.6m宽的大券。但是，用并列式砌，各道窄券的石块间没有相互联系，不如纵列式坚固。为了弥补这个缺点，建造赵州桥时，在各道窄券的石块之间加了铁钉，使它们连成了整体。用并列式修造的窄券，即使坏了一个，也不会牵动全局，修补起来容易，而且在修桥时也不影响桥上交通。

三 工程链接

各种结构实物图如图6-2～图6-5所示。

a)　　b)

图 6-2　梁

a)　　b)

图 6-3　刚架

a)　　b)

图 6-4　拱

a) b)

图 6-5 桁架

四 内容要点

(1)几何组成规则

在进行几何组成分析时,必须明确刚片的含义。大地基础、任何一根杆件、任何一个无多余约束的几何不变体系都可以当成为一块刚片。

规则一:三刚片以不在一条直线上的三铰相连,组成无多余约束的几何不变体系——三刚片规则。

规则二:两刚片以一铰及不通过该铰的一根链杆相连,组成无多余约束的几何不变体系——两刚片规则。

规则三:两刚片以不互相平行、也不相交于一点的三根链杆相连,组成无多余约束的几何不变体系——二元体规则。

(2)静定结构和超静定结构的区别

静定结构是无多余约束的几何不变体。在静定结构中,温度变化、支座移动等不会在结构中产生附加应力。

超静定结构是在静定结构的基础上增加了(多余)的约束。超静定结构随温度变化及支座移动均可能在结构中产生附加应力。

相对于静定结构超静定结构,由于存在多余的约束,所以其内力分布更加均匀,受力更加合理。

五 模拟试题

1. 填空题

(1)无多余约束的几何不变体系称为__________结构。

(2)三刚片用不在一条直线上的铰两两相连,组成的体系一定____________________。

(3)拱是一种轴线为曲线的推力结构,其内力以__________为主。由于推力的存在,拱需要有较为坚固的__________或__________。

(4)工程中常见的预应力混凝土连续梁桥具有整体性能好,结构________________大,________小和抗震性好的特点。

2. 选择题

(1)两刚片用不在一条直线上的一个铰和一根链杆相连,组成的体系一定是(　　)。

A. 几何可变　　B. 几何不变　　C. 几何瞬变　　D. 静定结构

(2)有多余约束的几何不变体系称为(　　)。

A. 超静定结构　　B. 几何不变　　C. 几何瞬变　　D. 几何可变

(3)在图6-6所示的桁架上,零杆的数目分别为:a)图有(　　)根零杆;b)图有(　　)根零杆。

A. 3;4　　B. 4;3　　C. 6;4　　D. 5;2

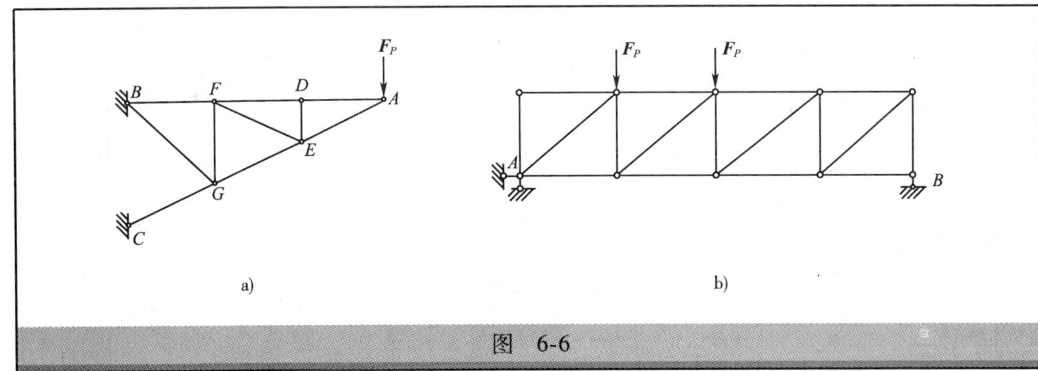

图　6-6

附录 1 《土木工程力学基础》考核评价表

《土木工程力学基础》是一门考试课，课程考核采用理论考核与实践考核相结合、笔试与表现性评价相联系的方式，强调知识、能力、素质的全面培养。

<table>
<tr><th>目标</th><th>评价要素</th><th>评价标准</th><th>评价依据</th><th colspan="2">考核方式</th><th>评分</th><th>权重</th></tr>
<tr><td rowspan="5">知识</td><td rowspan="5">基本知识</td><td rowspan="5">按教学大纲要求掌握的知识点；
运用知识完成书面作业；
运用知识分析和解决问题</td><td rowspan="5">个人作业；
课堂笔记；
课堂练习；
章节测验；
阶段考试</td><td colspan="2">小组互评</td><td></td><td rowspan="3">5%</td></tr>
<tr><td colspan="2">教师评定</td><td></td></tr>
<tr><td colspan="2">作业成绩</td><td></td></tr>
<tr><td rowspan="2">笔试</td><td>期中考试</td><td></td><td>20%</td></tr>
<tr><td>期末考试</td><td></td><td>40%</td></tr>
<tr><td rowspan="2">能力</td><td rowspan="2">基本技能</td><td rowspan="2">实践教材资料、用具齐备；
正确使用工具、量具；
认真观察、记录数据；
施工现场考察，注意安全</td><td rowspan="2">考察见习记录；
实践报告；
小组作业；
调查报告</td><td rowspan="2">实践</td><td>实践、实习态度与操作</td><td></td><td rowspan="2">20%</td></tr>
<tr><td>见习报告与回答问题</td><td></td></tr>
<tr><td rowspan="9">素质</td><td rowspan="3">学习态度</td><td rowspan="3">遵守课堂纪律；
积极参与课堂教学活动；
按时完成作业；
按要求完成自主学习任务</td><td rowspan="3">课堂表现记录；
考勤表；
同学、教师观察；
课堂笔记</td><td colspan="2">学生自评</td><td></td><td rowspan="3">5%</td></tr>
<tr><td colspan="2">小组互评</td><td></td></tr>
<tr><td colspan="2">教师评定</td><td></td></tr>
<tr><td rowspan="3">沟通、协作、管理</td><td rowspan="3">乐于请教和帮助同学；
小组活动协调和谐；
协助教师完成教学管理；
做好教室值日工作；
按要求做课前准备和课后整理</td><td rowspan="3">小组作业；
小组活动记录；
自评、互评记录；
值日记录；
同学、教师观察</td><td colspan="2">学生自评</td><td></td><td rowspan="3">5%</td></tr>
<tr><td colspan="2">小组互评</td><td></td></tr>
<tr><td colspan="2">教师评定</td><td></td></tr>
<tr><td rowspan="3">创新精神</td><td rowspan="3">有自主学习计划；
在作业练习中能提出问题和见解；
对教学或管理提出意见或建议；
积极参与小组活动方案设计；
独立或协同完成力学课程学习项目的任务作业</td><td rowspan="3">个人作业；
自主学习计划；
学习活动；
个人口头或书面提议</td><td colspan="2">学生自评</td><td></td><td rowspan="3">5%</td></tr>
<tr><td colspan="2">小组互评</td><td></td></tr>
<tr><td colspan="2">教师评定</td><td></td></tr>
<tr><td colspan="6">总　　计</td><td></td><td>100%</td></tr>
</table>

笔试考核方式：笔试可以分为期中 + 期末，也可采取平时测验 + 期末、静力学部分测验 + 拉压部分测验 + 弯曲部分测验 + 期末等多次测验的方式。

附录2 《土木工程力学基础》课程课外考察(见习)报告单

班级		姓名		年 月 日
考察(见习)内容	记录考察地点、项目名称及工程概况、主要观察的工程结构或构件、调研对象等			
与力学相关知识的描述	阐述相关公理,定理、定义,力学模型,外力、内力、强度、稳定性的概念等			
主要收获				
不足之处	自己应该改进的方面与改进措施			
教学建议	对教学安排及指导教师的建议			
组长签名	年 月 日			
教师批阅	年 月 日			

附录3 《土木工程力学基础》课程学习小组活动记录评价表

班　级		年　　月　　日
学习小组成员	组长： 成员：	
小组活动项目		
小组活动分工		
活动记录	活动的计划或方案；活动的过程；活动的结论	

续上表

<table>
<tr><td rowspan="13">小组活动评分内容</td><td rowspan="2"></td><td colspan="2">内　容</td></tr>
<tr><td>学习目标</td><td>评价项目</td></tr>
<tr><td rowspan="9">职业能力</td><td rowspan="3">1. 确定或自拟学习项目的主题,编制计划或研究方案</td><td>选定或自拟一个有创意的学习项目主题</td></tr>
<tr><td>制订一个完整、可行的小组活动计划</td></tr>
<tr><td>编写论文写作提纲或试验工作步骤</td></tr>
<tr><td rowspan="3">2. 收集与研究主题有关的资料信息,所搜集的信息、资料或素材具有典型性且内容完整</td><td>能确定需收集信息的内容及途径</td></tr>
<tr><td>所搜索的信息、素材质量</td></tr>
<tr><td>能拍摄工程现场素材的数码相片</td></tr>
<tr><td rowspan="3">3. 制作反映学习成果的专题作业,内容完整,信息丰富,计算准确,有自己的风格和创意,汇报答辩有一定的观赏性</td><td>撰写论文、报告,填写小组活动记录表</td></tr>
<tr><td>汇报课件的制作水平与课件演示效果</td></tr>
<tr><td>学习活动总结(收获体会与建议),编制计算说明书及绘图</td></tr>
<tr><td rowspan="5">关键能力</td><td>4. 与人合作、沟通能力</td><td>在团队活动中围绕学习任务能积极协同工作</td></tr>
<tr><td>5. 组织、活动能力</td><td>在团队中的角色和独立完成任务的能力</td></tr>
<tr><td rowspan="3"></td><td>6. 交流表达能力</td><td>口头表达、文字表达能力</td></tr>
<tr><td>7. 解决问题能力</td><td>完成学习任务过程中解决问题所起的作用</td></tr>
<tr><td>8. 创新能力</td><td>对完成工作能提出合理建议及措施、办法</td></tr>
</table>

<table>
<tr><td rowspan="11">小组活动评分</td><td rowspan="2">评分内容 / 姓名</td><td colspan="3">职业能力</td><td colspan="5">关键能力</td></tr>
<tr><td>1</td><td>2</td><td>3</td><td>4</td><td>5</td><td>6</td><td>7</td><td>8</td></tr>
<tr><td></td><td></td><td></td><td></td><td></td><td></td><td></td><td></td><td></td></tr>
<tr><td></td><td></td><td></td><td></td><td></td><td></td><td></td><td></td><td></td></tr>
<tr><td></td><td></td><td></td><td></td><td></td><td></td><td></td><td></td><td></td></tr>
<tr><td></td><td></td><td></td><td></td><td></td><td></td><td></td><td></td><td></td></tr>
<tr><td></td><td></td><td></td><td></td><td></td><td></td><td></td><td></td><td></td></tr>
<tr><td></td><td></td><td></td><td></td><td></td><td></td><td></td><td></td><td></td></tr>
<tr><td>自我评分(5分)</td><td></td><td></td><td></td><td></td><td></td><td></td><td></td><td></td></tr>
<tr><td>小组评分(5分)</td><td></td><td></td><td></td><td></td><td></td><td></td><td></td><td></td></tr>
<tr><td>教师评分(5分)</td><td></td><td></td><td></td><td></td><td></td><td></td><td></td><td></td></tr>
<tr><td colspan="2">组长签名</td><td colspan="8">年　月　日</td></tr>
<tr><td colspan="2">指导教师意见
(签名)</td><td colspan="8">年　月　日</td></tr>
</table>

附录 4 《土木工程力学基础》课程学习任务报告单

<table>
<tr><td>班级</td><td></td><td>姓名</td><td></td><td>年 月 日</td></tr>
<tr><td rowspan="2">学习项目简述</td><td>题目</td><td colspan="3"></td></tr>
<tr><td>学习目标与要求</td><td colspan="3"></td></tr>
<tr><td>学习项目的实施计划与过程描述</td><td colspan="4">介绍项目小组组成、项目实施计划，说明项目实施所需的知识准备、资料收集、工具、场地、时间等，实施过程也可以用流程图来表示</td></tr>
<tr><td>主要学习成果</td><td colspan="4">列出学习成果目录（可以采取实物、研究报告、电子文档、PPT 课件、制作光盘、论文与计算说明书、数码相片等多种形式）</td></tr>
<tr><td>自我评价</td><td colspan="4">从学习态度、学习能力、工作能力、学习效果等方面陈述</td></tr>
<tr><td>学习收获与不足之处</td><td colspan="4">自己应该改进的方面与改进措施</td></tr>
<tr><td>建议</td><td colspan="4">对教学安排及指导教师的建议</td></tr>
<tr><td>组长签名</td><td colspan="4">年 月 日</td></tr>
<tr><td>教师批阅</td><td colspan="4">年 月 日</td></tr>
</table>

附录 5 模拟试题参考答案

单 元 1

1. 填空题

(1) 破坏;变形

(2) 运动状态;变形

(3) 力系;平衡力系

(4) 线分布力(或线荷载)

(5) 二力构件

2. 选择题

(1)B; (2)A; (3)C; (4)D

3. 作图题

略

单 元 2

1. 判断题

(1)×; (2)×; (3)√; (4)√; (5)√

2. 填空题

(1) 零

(2) 逆时针

(3) 矩心

(4) 力偶矩;无关

(5) 与未知力平行或垂直;未知力多

3. 选择题

(1)D; (2)B; (3)C

4. 计算题

a) $F_{Ax} = 0$;$F_{Ay} = 30\text{kN}(\uparrow)$;$m_A = 100\text{kN}\cdot\text{m}$(逆时针转向)

b) $F_{Ax} = 0$;$F_{Ay} = 40kN(\uparrow)$;$F_{By} = 30kN(\uparrow)$

c) $F_{Ax} = 0$;$F_{Ay} = 49.375kN(\uparrow)$;$F_{By} = 90.625kN(\uparrow)$

单　元　3

1. 填空题

(1) 轴向拉伸与压缩;剪切;扭转;弯曲

(2) 大小相等、方向相反;伸长或缩短

(3) 组合变形

(4) 正号;负号

(5) 内力;σ;相同;正;负

2. 选择题

(1)C;　(2)B;　(3)D

3. 计算题

(1) 受力图略

(2) $F_{NAB} = 57.7kN$(拉力); $F_{NBC} = 115.47kN$(压力)

(3) $\sigma_{BC} = 128.3MPa$(压应力) $< [\sigma] = 160MPa$;BC 杆的强度足够(或 BC 杆安全)

单　元　4

1. 填空题

(1) 正应力;零;远

(2) 下

(3) 工字形

(4) 抗弯截面系数;形状;尺寸;小

(5) $\frac{bh^3}{12}$;$\frac{bh^2}{6}$

2. 选择题

(1)A;　(2)D;　(3)C;　(4)B

3. 作图题

a) $|F_{Q\max}| = 80kN$; $|M_{\max}| = 240kN \cdot m$

b) $|F_{Q\max}| = 50\text{kN}$; $|M_{\max}| = 150\text{kN}\cdot\text{m}$

4. 计算题

$$\sigma_{\max} = \frac{F\cdot\frac{L}{2}}{\frac{\pi d^3}{32}} = 118.52\text{MPa} < [\sigma]$$,梁安全。

单　元　5

填空题

(1) 压杆的稳定性

(2) 丧失稳定性(或失稳)

(3) 小;稳定性

(4) 杆长;约束条件;截面尺寸和形状;细长;小;失稳

(5) 长度;形状;支撑;材料

(6) 减小;减小;截面形状;材料;受力

单　元　6

1. 填空题

(1) 静定

(2) 几何不变

(3) 轴向压力; 基础;支承结构

(4) 刚度;变形

2. 选择题

(1) B;　(2) A;　(3)B

附录6 《土木工程力学基础(多学时)》自我检测参考答案

单 元 1

一、填空题

1. 大小;方向;作用点
2. 集中荷载;均布荷载
3. 二力构件;连线
4. 光滑面;链杆支座;可动铰支座;固定端支座
5. 研究对象

二、选择题

1. B; 2. D; 3. D

三、简答题

图1-30a) 二力构件为 AB、BC

图1-30b) 二力构件为 BC

图1-30c) 二力构件为 CD

图1-30d) 二力构件为 CD

图1-30e) 二力构件为 BC

图1-30f) 二力构件为 AA'、DD'、BB'

单 元 2

一、判断题

1. ×; 2. (1) ×,(2)√; 3. √; 4. √; 5. ×

二、填空题

1. 0
2. 自行封闭
3. 本身力偶矩; 无关
4. 与未知力平行或垂直;未知力多

5. 略

三、计算题

图 2-35a) $F_{Ay}=73.33\text{kN}(\uparrow)$;$F_{By}=96.67\text{kN}(\uparrow)$

图 2-35b) $F_{Ay}=90\ \text{kN}(\uparrow)$

$m_A=360\ \text{kN}\cdot\text{m}$(逆时针方向)

单 元 3

一、填空题

1. 重合;拉伸或压缩

2. 1;10^6;10^9

3. 内力的分布密度;σ;相同;正;负

4. 拉;压

5. 强度极限;屈服极限

二、选择题

1. C; 2. B

三、计算题

1. 解:(1)截面法求出 $A-A$ 截面上的内力

$F_{NA}=20\text{kN}$

(2)求 $A-A$ 截面面积

$A_{A-A}=100000\text{mm}^2$

(3)根据正应力计算公式求 σ_{A-A}

$$\sigma_{A-A}=\frac{F_{NA}}{A_{A-A}}=\frac{20000}{100000}=-0.5\text{MPa}(\text{压应力})$$

2. $\sigma_{max}=5.63\text{MPa}<[\sigma]=10\text{MPa}$,绳索强度满足要求。

单 元 4

一、判断题

1. √; 2. √; 3. ×; 4. √; 5. √; 6. ×

二、填空题

1. 直;直

2. 斜直;抛物

3. d)

4. $\frac{F_P}{2}$;a)、b)、c)、d);支座;$\frac{F_P \cdot L}{4}$;a);跨中

5. 大;大

6. 抗弯截面系数;截面形状;尺寸;大

三、选择题

1. B;　2. C;　3. A ;　4. B;　5. A;　6. B

四、作图题

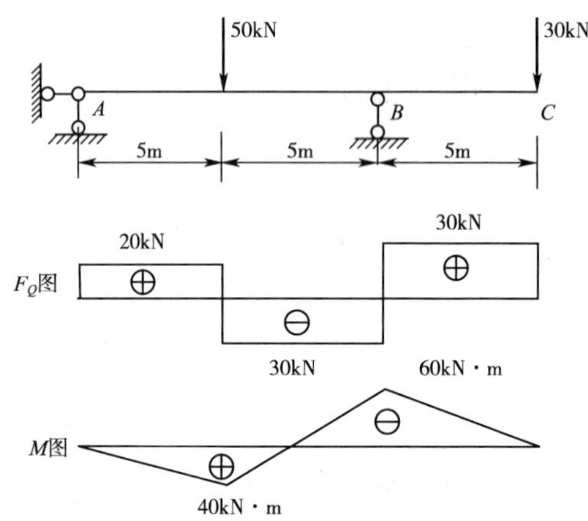

五、计算题

1. $\sigma_{\max} = 150\text{MPa}$;$F_{Q\max} = 40\text{kN}$

2. $\sigma_{\max} = 156\text{MPa} \leqslant [\sigma]$,此梁的正应力强度满足要求。

单　元　5

一、判断题

1. √;　2. √;　3. ×;　4. √

二、填空题

1. 杆件的长度;截面形状尺寸;杆端约束条件

2. 杆端约束条件

三、选择题

1. C;　2. A;　3. A

单 元 6

一、填空题

1. 超静定;静定
2. 无多余约束的几何不变体系
3. 基本;附属
4. 拱

二、简答题

1. 用逐个拆除二元体的方法,该体系为无多余约束的几何不变体系。
2. 见重难点解析。
3. 主要内力为轴向压力。对基础的强度、刚度要求较高。

附录 7 《土木工程力学基础(少学时)》自我检测参考答案

绪 论

1. 在建筑物中承受和传递荷载而起骨架作用的部分称为结构,组成结构的部件称为构件,它们就是工程力学的研究对象。

2. 在结构设计中,如果把构件截面设计得过小,构件受力后会迅速破坏或因变形过大而影响正常使用;如果把构件截面设计得过大,其所能承受的荷载过分大于所受的荷载,则又会不经济,造成人力、物力上的浪费。为了安全,要选用较好的材料或采用较大的截面尺寸;为了经济,则要求选用廉价材料或减小截面尺寸以节省材料用量。显然两者是矛盾的。工程力学的任务就在于力求合理地解决这种安全与经济的矛盾。

单 元 1

1. 各式的意义:

(1)表示的意义是力 $\boldsymbol{F}_1$ 与力 $\boldsymbol{F}_2$ 的大小相同,它们的作用点和方向由图示法确定。

(2)表示的意义是力 $\boldsymbol{F}_1$ 与力 $\boldsymbol{F}_2$ 的大小相同,它们的作用点和方向由图示法确定。若 $\boldsymbol{F}_1$ 为正值时,方向与原设定方向相同;若 $\boldsymbol{F}_2$ 为负值时,方向与原设定方向相反。

(3)表示的意义是力 $\boldsymbol{F}_1$ 与力 $\boldsymbol{F}_2$ 的大小、方向和作用点完全相同,是等效力。

区别:

(1)、(2)只表示了力的大小和方向之间的关系,要结合力的图示法确定它们的作用点和实际方向;(3)既表示了力的大小和方向之间的关系,也表示了力的作用点的关系。

2. 二力平衡公理是作用于刚体上的两个力,使刚体处于平衡状态的充分和必要条件是两个力的大小相等、方向相反,且作用在同一直线上。

作用与反作用公理是两个物体间的作用力与反作用力,总是同时存在,它们大小相等,方向相反,沿同一直线分别作用在这两个物体上。

它们的区别是:尽管两个力都是大小相等、方向相反、作用在同一直线上,但二力平衡公理中的两个力是作用在同一物体上的,阐述的是作用在一个物体上的两个力的平衡规律;作用与反作用公理中的两个力是分别作用在不同物体上,阐述的是力在两个物体之间相互作用的关系。

3. (1) ×

原因:在外力作用下变形很小的物体,同时要求小变形对研究物体的平衡和运动规律的影响可以略去不计,才可称为刚体。

(2) ×

原因:二力杆是指仅受两个力作用而平衡的直杆。若两端用铰链连接的直杆中间不受其他力作用,可为二力杆。

(3) √

原因:两个力大小、方向和作用点完全相同,是等效力。

(4) ×

原因:力的可传性原理适用于力在同一刚体范围内移动时,不改变力的作用效应。图示力在两个刚体上移动,力的作用效应将发生改变;不能用力的可传性原理来分析力的作用效应。

4. 略

5. 不是。二力构件是仅受两个力作用而平衡的物体。由光滑接触面约束的性质可知,光滑的斜面上约束反力,方向与斜面垂直,不能与 $\boldsymbol{G}$ 共线,物体不能处于平衡状态,尽管受二个力作用,但不是二力构件。

6. 略

7. 略

单 元 2

一、填空题

1. 零;

2. 173.2kN;100kN

3. 力

4. $\sum F_y = 0$

5. x;代数和

6. 两个

7. 正

8. 2

9. 零

10. 3

二、计算题

1. $F_{1x}=-173.2\text{N}$;$F_{1y}=-100\text{N}$;$F_{2x}=0$;$F_{2y}=-150\text{N}$;$F_{3x}=173.2\text{N}$;$F_{3y}=100\text{N}$;$F_{4x}=-125\text{N}$;$F_{4y}=216.5\text{N}$

2. a) $M_O(F)=Fl$;b) $M_O(F)=0$;c) $M_O(F)=Fl\sin\theta$

3. $-2.68\text{kN}\cdot\text{m}$

4. $F_{BC}=50\text{kN}$(受压);$F_{BA}=86.6\text{kN}$(受拉)

5. $F_{Ax}=F_P$ (←);$F_{Ay}=F_P/2$ (↓);$F_D=F_P/2$(↑)

6. $F_A=32\text{kN}$(↑);$F_B=28\text{kN}$(↑)

7. $F_B=29\text{kN}$(↑);$F_D=13\text{kN}$(↑)

8. $F_{Ax}=0$;$F_{Ay}=14\text{kN}$(↑);$m_A=44\text{kN}\cdot\text{m}$(↺)

9. $F_{Ax}=40\text{kN}$(←);$F_{Ay}=20\text{kN}$(↑);$F_B=60\text{kN}$(↑)

单　元　3

一、填空题

1. 轴向拉伸与压缩;剪切;扭转;弯曲

2. 截面法;截取;代替;平衡

3. 1;10^6;10^9

4. 某一点的集度;σ;相同;正;负

二、选择题

1. C;　2. B;　3. B

三、简答题

1. (1)轴向拉伸与压缩

受力特点:外力或其合力的作用线沿着杆件的轴线。

变形特点:杆件沿轴向伸长或缩短。

(2)剪切

受力特点:受一对相距很近、方向相反的横向外力作用。

变形特点:杆件的横截面发生错动。

(3)扭转

受力特点:受一对大小相等、转向相反、位于垂直杆件轴线的两个平面内的力偶作用。

变形特点:绕杆轴线横截面发生相对错动。

(4)弯曲变形

受力特点:受到垂直于杆轴外力或通过杆轴平面内的外力偶作用。

变形特点:杆件随轴线发生弯曲。

2. 内力相等;拉应力不相等,横截面小的拉应力大,横截面大的拉应力小。

四、计算题

1. $F_{N1}=5\text{kN}$ $F_{N2}=10\text{kN}$ $F_{N3}=-20\text{kN}$

2. $\sigma_{AB}=-18.75\text{MPa}$ $\sigma_{BC}=37.5\text{MPa}$

3. $F_{NAC}=50\text{kN}$ $\sigma_{AC}=159.24\text{MPa}<[\sigma]=160\text{MPa}$,强度满足要求。

单 元 4

一、判断题

1.√; 2.×; 3.×; 4.√

二、填空题

1. 水平;直

2. 斜直;抛物

3. b)、c)

三、选择题

1.B; 2.C; 3.A; 4.B

四、作图题

1. 略

2. 略

五、计算题

(1) $\sigma_A=15\text{MPa}$(压应力)

(2) σ_{max} = 37.5MPa

单 元 5

一、填空题

1. 大柔度杆或细长杆

2. 压杆的杆端约束、长度、截面形状、材料、质量

二、选择题

1. B; 2. B

三、计算题

a)2 419kN,308.1MPa

b)2 419kN,308.1MPa

c)2 194kN,279.5MPa

注:本题 d=40mm 时,计算结果更合理。答案如下:

a)62kN,49.3MPa

b)62kN,49.3MPa

c)56.2kN,44.7MPa

附录 8 参考文献与学习网站

一、参考文献

[1] 范钦珊. 理论力学[M]. 北京:高等教育出版社,2002.

[2] 孙训芳,方孝淑. 材料力学[M]. 北京:高等教育出版社,1996.

[3] 李心宏,王增新. 理论力学[M]. 大连:大连理工大学出版社,1994.

[4] 沈养中. 工程力学.(第一分册)[M]. 北京:高等教育出版社, 2000.

[5] 张流芳. 材料力学[M]. 武汉:武汉工业大学出版社, 1997.

[6] 田津麒. 建筑力学[M]. 北京:人民交通出版社,1998.

[7] 交通部第二公路勘察设计院. 公路设计手册·路基(第二版)[M]. 北京:人民交通出版社,2001.

[8] 邓学钧. 路基路面工程[M]. 北京:人民交通出版社,2001.

[9] 姚玲森. 桥梁工程[M]. 北京:人民交通出版社,2001.

[10] 张友全. 建筑力学与结构[M]. 北京:中国电力出版社,2004.

[11] 张美元. 工程力学简明教程(土建类)[M]. 北京:机械工业出版社,2005.

[12] 桂业昆,邱式中. 桥涵施工专项技术手册[M]. 北京:人民交通出版社,2005.

[13] 刘自明. 桥梁工程养护与维修手册[M]. 北京:人民交通出版社,2005.

[14] 周孟波. 悬索桥手册[M]. 北京:人民交通出版社,2005.

[15] 周孟波. 斜拉桥手册[M]. 北京:人民交通出版社,2005.

二、学习网站

[1] 湖南交通职业技术学院工程力学精品课程网站

[2] 长安大学工程力学精品课程网站 jpkc. chd. edu. cn/2003/gclx

[3] 天津大学材料力学精品课程网站 202. 113. 13. 85/webclass/cllx

[4] 四川大学工程力学精品课程网站 219. 221. 200. 61/2004/show

[5] 中国路桥 www. 9to. com

[6] 中国交通 www. iicc. ac. cn

[7] 中国路桥资讯网 www. lqzx. com

[8] 桥梁网 www. bridge - cn. com

[9] 隧道网 www. stec. net/index. asp
[10] 中铁大桥勘测设计院有限公司 www. brdi. com. cn
[11] 中国工程网 www. cngcw. com
[12] 中国建筑第七工程局 www. cscec7b. com
[13] 中国建筑第三工程局 www. cscec3b. com. cn